Mein erster Sommer in der Sierra

John Muir

Writat

Cette édition parue en 2024

ISBN : 9789359947754

Publié par
Writat
email : info@writat.com

Inhalt

KAPITEL I

Mit einer Schafherde durch die Voralpen

Im großen Central Valley von Kalifornien gibt es nur zwei Jahreszeiten – Frühling und Sommer. Der Frühling beginnt mit dem ersten Regensturm, der normalerweise im November fällt. In ein paar Monaten steht die wundervolle Blumenvegetation in voller Blüte, und Ende Mai ist sie tot und trocken und knusprig, als ob jede Pflanze in einem Ofen geröstet worden wäre.

Dann werden die trägen, keuchenden Herden auf die hohen, kühlen, grünen Weiden der Sierra getrieben. Ich sehnte mich zu dieser Zeit nach den Bergen, aber das Geld war knapp und ich konnte mir nicht vorstellen, wie ich den Brotvorrat aufrechterhalten sollte. Während ich besorgt über das Brotproblem grübelte, das Wanderern so lästig ist, und versuchte zu glauben, dass ich lernen könnte, wie die wilden Tiere zu leben, hier und da Nahrung aus Samen, Beeren usw. zu sammeln, in freudiger Unabhängigkeit von Geld oder Gepäck umherschlendernd und kletternd, besuchte mich Mr. Delaney, ein Schafbesitzer, für den ich ein paar Wochen gearbeitet hatte, und bot mir an, mich zu engagieren, um mit seinem Hirten und seiner Herde zu den Quellgewässern der Flüsse Merced und Tuolumne zu gehen – genau die Region, die mir am meisten vorschwebte. Ich war in der Stimmung, jede Art von Arbeit anzunehmen, die mich in die Berge führen würde, deren Schätze ich letzten Sommer in der Yosemite-Region gekostet hatte. Die Herde, erklärte er, würde nach und nach durch die einzelnen Waldgürtel getrieben, während der Schnee schmolz, und an den besten Stellen, die wir erreichten, für ein paar Wochen Halt machen. Ich dachte, dies wären gute Beobachtungspunkte, von denen aus ich viele aufschlussreiche Exkursionen in einem Umkreis von acht oder zehn Meilen um die Lager unternehmen könnte, um etwas über die Pflanzen, Tiere und Felsen zu lernen; denn er versicherte mir, dass ich meinen Studien vollkommen frei nachgehen könne. Ich kam jedoch zu dem Schluss, dass ich in keiner Weise der richtige Mann für diesen Ort war, und erklärte ihm offen meine Unzulänglichkeiten. Ich gestand, dass ich mit der Topographie der oberen Berge, den zu überquerenden Flüssen und den wilden Schafen fressenden Tieren usw. überhaupt nicht vertraut war; kurz gesagt, dass ich angesichts der Bären, Kojoten, Flüsse, Schluchten und dornigen, verwirrenden Chaparral-Bäume befürchtete, dass die Hälfte oder mehr seiner Herde verloren gehen würde. Glücklicherweise schienen diese Unzulänglichkeiten für Mr. Delaney unbedeutend. Die Hauptsache, sagte er, sei, einen Mann im Lager zu haben, dem er vertrauen könne, dass er darauf achte, dass der Hirte seine Pflicht tue, und er versicherte mir, dass die Schwierigkeiten, die aus der Ferne so gewaltig erschienen, im Laufe der Zeit verschwinden würden. Er ermutigte mich weiter, indem er sagte, dass der Hirte das Hüten der Tiere übernehmen würde, dass ich Pflanzen, Felsen und die Landschaft so viel studieren könne, wie ich wolle, und dass er uns selbst zum ersten Hauptlager begleiten und gelegentlich unsere höher gelegenen Lager besuchen würde, um unseren Vorrat aufzufüllen und zu sehen, wie es uns ging. Daher beschloss ich zu gehen, obwohl ich immer noch befürchtete, dass die zweitausendfünfzig Schafe nie wieder zurückkehren würden, als ich sah, wie die dummen Schafe eins nach dem anderen durch das schmale Tor des heimischen Pferchs hüpften, um gezählt zu werden.

Ich hatte das Glück, einen schönen Bernhardiner als Gefährten zu bekommen. Sein Herr, ein Jäger, den ich flüchtig kannte, kam zu mir, sobald er hörte, dass ich den Sommer in der Sierra verbringen würde, und bat mich, seinen Lieblingshund Carlo mitzunehmen, denn er fürchtete, dass die glühende Hitze ihn umbringen könnte, wenn er den ganzen Sommer auf der Ebene bleiben müsste. „Ich glaube, ich kann darauf vertrauen, dass Sie nett zu ihm sind", sagte er, „und ich bin sicher, er wird gut zu Ihnen sein. Er kennt sich mit den Tieren in den Bergen aus, wird das Lager bewachen, beim Hüten der Schafe helfen und sich in jeder Hinsicht als fähig und treu erweisen." Carlo wusste, dass wir über ihn sprachen, beobachtete unsere Gesichter und hörte so aufmerksam zu, dass ich glaubte, er verstünde uns. Ich rief ihn beim Namen und fragte ihn, ob er bereit wäre, mit mir zu gehen. Er sah mir mit Augen voller erstaunlicher Intelligenz ins Gesicht, wandte sich dann seinem Herrn zu, und nachdem er mir mit einer Handbewegung in meine Richtung und einer streichelnden Abschiedsgeste seine Erlaubnis gegeben hatte, folgte er mir ruhig, als hätte er alles, was gesagt worden war, vollkommen verstanden und gekannt, als hätte er mich schon immer gekannt.

---

3. Juni 1869. An diesem Morgen wurden Proviant, Feldkessel, Decken, eine Pflanzenpresse usw. auf zwei Pferde geladen, die Herde machte sich auf den Weg zu den gelbbraunen Vorgebirgen, und wir schlenderten in einer Staubwolke davon: Mr. Delaney, knochig und groß, mit dem scharfen Profil wie Don Quijote, führte die Packpferde, Billy, der stolze Schafhirte, ein Chinese und ein Digger-Indianer halfen während der ersten paar Tage beim Treiben in den buschigen Vorgebirgen, und ich selbst mit einem Notizbuch an meinem Gürtel.

Die Heimatranch, von der wir aufbrachen, liegt auf der Südseite des Tuolumne River in der Nähe von French Bar, wo die Ausläufer der metamorphen, goldhaltigen Schiefer unter die geschichteten Ablagerungen des Central Valley abfallen. Wir waren noch keine Meile gegangen, als einige der alten Anführer der Herde durch die eifrige, fragende Art, wie sie liefen und nach vorn schauten, zeigten, dass sie an die Hochweiden dachten, die sie letzten Sommer genossen hatten. Bald schien die ganze Herde hoffnungsvoll aufgeregt zu sein, die Mütter riefen ihre Lämmer, die Lämmer antworteten in wunderbar menschlichem Ton, ihre liebevoll zitternden Rufe wurden hier und da von hastig geschnappten Bissen verdorrten Grases unterbrochen. Inmitten dieses scheinbaren Durcheinanders von Mähen, als sie über die Hügel strömten, erkannte jede Mutter und jedes Kind die Stimme der anderen. Falls ein müdes Lamm, das im erstickenden Staub noch halb schlief, nicht antwortete, rannte seine Mutter durch die Herde zurück zu der Stelle, von der die letzte Antwort gehört worden war, und ließ sich nicht trösten, bis sie es gefunden hatte, das eine unter Tausenden, obwohl es für unsere Augen und Ohren alle gleich aussah.

Die Herde bewegte sich mit einer Geschwindigkeit von etwa anderthalb Kilometern pro Stunde und hatte die Form eines unregelmäßigen Dreiecks, das an der Basis etwa hundert Meter breit und hundertfünfzig Meter lang war. An der krummen, sich ständig verändernden Spitze befanden sich die stärksten Futtersucher, die sogenannten „Leittiere". Diese suchten, während die aktivsten von ihnen an den zerklüfteten Seiten des „Hauptkörpers" verstreut waren, hastig in den Fels- und Buschwinkeln nach Gras und Blättern. Die Lämmer und schwachen alten Mütter, die am Ende trödelten, wurden als „Schwanz" bezeichnet.

Schafe in den Bergen

Gegen Mittag war die Hitze kaum zu ertragen; die armen Schafe keuchten erbärmlich und versuchten, im Schatten jedes Baumes anzuhalten, den sie erreichten, während wir mit sehnsüchtiger Sehnsucht durch das trübe, brennende Licht auf die schneebedeckten Berge und Flüsse blickten, obwohl keiner in Sicht war. Die Landschaft besteht nur aus wogenden Vorgebirgen, die hier und da mit Büschen und Bäumen und hervorstehenden Schiefermassen aufgeraut sind. Die Bäume, meist die Blaueiche (*Quercus Douglasii*), sind etwa neun bis zwölf Meter hoch, haben blass blaugrüne Blätter und weiße Rinde und sind spärlich auf dem dünnsten Boden oder in Felsspalten außerhalb der Reichweite von Grasfeuern gepflanzt. Die Schiefer erheben sich an vielen Stellen abrupt durch das gelbbraune Gras in scharfen, flechtenbedeckten Platten wie Grabsteine auf verlassenen Friedhöfen. Mit Ausnahme der Eiche und vier oder fünf Arten von Manzanita und Ceanothus ist die Vegetation der Vorgebirge größtenteils dieselbe wie die der Ebenen. Ich sah diese Gegend im frühen Frühling, als sie ein zauberhafter Landschaftsgarten voller Vögel, Bienen und Blumen war. Jetzt macht das sengende Wetter alles öde. Der Boden ist voller Risse, Eidechsen gleiten über die Felsen, und Ameisen in erstaunlicher Zahl, deren winzige Lebensfunken in der Hitze nur noch heller leuchten, zittern geradezu vor unstillbarer Energie, wenn sie in langen Reihen herumrennen, um zu kämpfen und Nahrung zu sammeln. Es ist ein Wunder, dass sie in solch einem Sonnenfeuer nicht innerhalb weniger Sekunden zu Asche vertrocknen. Ein paar Klapperschlangen liegen zusammengerollt an abgelegenen Orten, werden aber selten gesehen. Elstern und Krähen, die sonst so laut sind, sind jetzt still und stehen in gemischten Schwärmen auf dem Boden unter den schattenspendendsten Bäumen, mit weit geöffneten Schnäbeln und hängenden Flügeln, zu atemlos zum Sprechen; auch die Wachteln versuchen, sich im Schatten der wenigen lauwarmen, alkalischen Wasserlöcher zu halten; Zwergkaninchen laufen zwischen den Ceanothus-Büschen von Schatten zu Schatten, und gelegentlich sieht man den Langohrhasen anmutig über die größeren Lichtungen galoppieren.

Nach einer kurzen Mittagspause in einem Wäldchen wurde die arme, staubbedeckte Herde wieder über die buschigen Hügel getrieben, doch der dunkle Weg, dem wir gefolgt waren, verschwand genau dort, wo er am dringendsten gebraucht wurde, und zwang uns, anzuhalten, um uns umzusehen und uns zu orientieren. Der Chinese schien zu glauben, wir hätten uns verirrt, und plapperte in Pidgin -Englisch über die Fülle an „litty stick" (Chaparral), während der Indianer schweigend die welligen Bergrücken und Schluchten nach Öffnungen absuchte. Wir kämpften uns durch den dornigen Dschungel und entdeckten schließlich eine Straße, die in Richtung Coulterville führte, der wir bis eine Stunde vor Sonnenuntergang folgten, als wir eine trockene Ranch erreichten und unser Nachtlager aufschlugen.

Mit einer Schafherde in den Vorgebirgen zu campen ist einfach und unkompliziert, aber alles andere als angenehm. Die Schafe durften bis nach Sonnenuntergang unter Aufsicht des Hirten alles aussuchen, was sie in der Umgebung finden konnten, während die anderen Holz sammelten, ein Feuer machten, kochten, auspackten und die Pferde fütterten usw. Gegen Abend wurden die müden Schafe auf dem höchsten offenen Platz in der Nähe des Lagers zusammengetrieben, wo sie sich bereitwillig eng zusammendrängten, und nachdem jede Mutter ihr Lamm gefunden und gesäugt hatte, legten sich alle hin und brauchten bis zum Morgen keine Aufmerksamkeit mehr.

Das Abendessen wurde mit dem Ruf „Essen!" angekündigt. Jeder mit einem Blechteller bediente sich selbst an Töpfen und Pfannen und plauderte über Lagerthemen wie Schaffütterung, Minen, Kojoten, Bären oder Abenteuer während der denkwürdigen goldenen Tage der Goldgräberzeit. Der Indianer hielt sich im Hintergrund und sagte kein Wort, als gehörte er einer anderen Spezies an. Das Essen war beendet, die Hunde waren gefüttert, die Raucher rauchten am Feuer, und unter dem Einfluss von Fülle und Tabak schien die Ruhe, die sich auf ihre Gesichter legte, beinahe göttlich, ein wenig wie das sanfte, meditative Glühen, das sich auf den Antlitzen von Heiligen ausdrückt. Dann plötzlich, als erwachten sie aus einem Traum, klopfte jeder mit einem Seufzer oder Grunzen die Asche aus seiner Pfeife, gähnte, starrte einige Augenblicke ins Feuer, sagte: „Also, ich glaube, ich gehe schlafen", und verschwand sofort unter seinen Decken. Das Feuer schwelte und flackerte noch ein oder zwei Stunden weiter; die Sterne leuchteten heller; Waschbären, Kojoten und Eulen störten hier und da die Stille, während Grillen und Hylas eine fröhliche, anhaltende Musik machten, die so passend und voll war, dass sie ein Teil des Körpers der Nacht zu sein schien. Die einzige Missstimmung kam von einem schnarchenden Schläfer und den hustenden Schafen mit Staub im Hals. Im Sternenlicht sah die Herde aus wie eine große graue Decke.

4. Juni. Bei Tagesanbruch war das Lager in Aufruhr; Kaffee, Speck und Bohnen bildeten das Frühstück, gefolgt von schnellem Geschirrspülen und Packen. Gegen Sonnenaufgang begann allgemeines Blöken. Sobald eine Mutterschafe aufstand, kam ihr Lamm angesprungen und stürmte zum Frühstück, und nachdem die tausend Jungen gesäugt worden waren, begann die Herde zu knabbern und sich auszubreiten. Die ruhelosen Hammel mit ihrem Heißhunger waren die ersten, die sich bewegten, wagten es aber nicht, sich weit von der Hauptgruppe zu entfernen. Billy, der Indianer und der Chinese hielten sie auf der beschwerlichen Straße in Schach und ließen sie das wenige auflesen, was sie auf einer Breite von etwa einer Viertelmeile finden konnten. Da aber mehrere Herden bereits vor uns hergezogen waren, war kaum ein Blatt, weder grün noch trocken, übrig; deshalb musste die verhungernde Herde über die kahlen, heißen Hügel zur nächsten grünen Weide getrieben werden, etwa zwanzig oder dreißig Meilen von hier entfernt.

Die Lasttiere wurden von Don Quijote geführt, der ein schweres Gewehr über der Schulter trug, das für Bären und Wölfe gedacht war. Dieser Tag war so heiß und staubig wie der erste, und führte über sanft abfallende braune Hügel mit größtenteils gleicher Vegetation, mit Ausnahme der seltsam aussehenden Sabiner-Kiefer (*Pinus Sabiniana*), die hier kleine Wäldchen bildet oder zwischen den Blau-Eichen verstreut ist. Der Stamm teilt sich in einer Höhe von fünfzehn oder zwanzig Fuß in zwei oder mehr Stämme, die nach außen geneigt oder fast aufrecht stehen, mit vielen verstreuten Zweigen und langen grauen Nadeln, die nur wenig Schatten spenden. Im Allgemeinen sieht dieser Baum eher wie eine Palme als eine Kiefer aus. Die Zapfen sind etwa sechs oder sieben Zoll lang, etwa fünf Zoll im Durchmesser, sehr schwer und bleiben lange nach dem Abfallen bestehen, so dass der Boden unter den Bäumen mit ihnen bedeckt ist. Sie ergeben schöne harzige, Licht spendende. Lagerfeuer und sind neben Maiskolben das schönste Brennmaterial, das ich je gesehen habe. Die Nüsse, so erzählt mir der Don, werden von den Digger-Indianern in großen Mengen als Nahrung gesammelt. Sie sind etwa so groß und haben die harte Schale von Haselnüssen – Speise und Feuer für Götter aus derselben Frucht.

5. Juni. Heute Morgen, ein paar Stunden nachdem wir mit der kriechenden Schafswolke aufgebrochen waren, erreichten wir den Gipfel der ersten gut erkennbaren Bank am Berghang von Pino Blanco. Die Sabinerkiefern interessieren mich sehr. Sie sind so luftig und seltsam palmenartig, dass ich sie unbedingt skizzieren wollte und in fieberhafter Aufregung war, ohne viel zu erreichen. Ich schaffte es jedoch, lange genug anzuhalten, um eine einigermaßen gute Skizze des Pino Blanco-Gipfels von der Südwestseite aus anzufertigen, wo sich ein kleines Feld und ein Weinberg befinden, die von einem Bach bewässert werden, der auf seinem Weg durch eine Schlucht am Straßenrand einen hübschen Wasserfall bildet.

Nachdem wir den offenen Gipfel dieser ersten Bank erreicht hatten, spürten wir die natürliche Erheiterung aufgrund der leichten Höhe von etwa 300 Metern und die Hoffnungen, die uns auf die Aussicht weckten, und ein herrlicher Abschnitt des Merced Valley an der sogenannten Horseshoe Bend kam in Sicht – eine herrliche Wildnis, die mit tausend liedhaften Stimmen zu rufen schien. Steile, abfallende Hänge, gesäumt von Kiefern und Manzanita-Gruppen mit sonnigen, offenen Flächen dazwischen, machen den größten Teil des Vordergrunds aus; in der Mitte und im Hintergrund sind Falten von fein modellierten Hügeln und Bergrücken zu sehen, die sich in der Ferne zu bergähnlichen Massen erheben, alles bedeckt mit einem zotteligen Bewuchs aus Chaparral, meist Adenostoma, der so wunderbar dicht und gleichmäßig gepflanzt ist, dass er wie weicher, üppiger Plüsch ohne einen einzigen Baum oder eine kahle Stelle aussieht. So weit das Auge reicht, erstreckt es sich, ein wogendes, anschwellendes Meer aus Grün, so regelmäßig und ununterbrochen wie das der Heidelandschaften Schottlands. Die Skulptur der Landschaft ist in ihren Hauptlinien ebenso beeindruckend wie in ihrem verschwenderischen Detailreichtum; eine großartige Ansammlung massiver Höhen, zwischen denen der Fluss hindurchscheint, jede in glatte, anmutige Falten geschnitten, ohne eine einzige Felsecke freizulegen, als ob die zarten Rillen und Grate aus metamorphen Schiefern sorgfältig mit Sandpapier abgeschliffen worden wären. Die ganze Landschaft zeigte ein Design, wie die edelsten Skulpturen des Menschen. Wie wunderbar die Kraft ihrer Schönheit! Ehrfurchtsvoll betrachtet hätte ich am liebsten alles für sie aufgegeben. Dann würde ich froh und endlos arbeiten, um den Kräften nachzuspüren, die ihre Merkmale, ihre Felsen und Pflanzen und Tiere und ihr herrliches Wetter hervorgebracht haben. Überall unvorstellbare Schönheit, darunter, darüber, für immer geschaffen und geschaffen. Ich starrte und starrte und sehnte mich und bewunderte, bis die staubigen Schafe und Rudel weit außer Sicht waren, machte eilige Notizen und eine Skizze, obwohl beides nicht nötig war, denn die Farben und Linien und der Ausdruck dieses göttlichen Landschaftsantlitzes sind so in Geist und Herz eingebrannt, dass sie sicherlich niemals verblassen können.

Hufeisenkurve, Merced River

AUF DER ZWEITEN BANK. RAND DES HAUPTWALDGÜRTELS ÜBER COULTERVILLE, IN DER NÄHE VON GREELEY'S MILL

Der Abend dieses zauberhaften Tages ist kühl, ruhig, wolkenlos und voller Blitze, die ich noch nie zuvor gesehen habe – weiß leuchtende, wolkenförmige Massen zwischen den Bäumen und Büschen, eher wie schnell pulsierende Glühwürmchen auf den Wiesen von Wisconsin als wie das sogenannte „Waldfeuer". Die sich ausbreitenden Haare der Pferdeschwänze und die Funken von unseren Decken zeigen, wie hoch aufgeladen die Luft ist.

6. Juni. Wir befinden uns jetzt auf dem, was man die zweite Bank oder Hochebene der Bergkette nennen könnte, nachdem wir viele kleine Auf- und Abstiege über Hügelgürtel gemacht haben, mit natürlich entsprechenden Veränderungen in der Vegetation. An offenen Stellen sind noch viele der Tiefland-Korbblütler zu finden, und einige der Mariposa-Tulpen und andere auffällige Mitglieder der Lilienfamilie; aber die charakteristische Blaueiche der Vorgebirge ist unten geblieben, und ihr Platz wird von einer schönen großen Art (*Quercus Californica*) mit tief gelappten Laubblättern, malerisch geteiltem Stamm und breiter, massiver, fein gelappter und geformter Blüte eingenommen. Auch hier, auf einer Höhe von etwa 2500 Fuß, kommen wir an den Rand des großen Nadelwaldes, der hauptsächlich aus Gelbkiefern und nur wenigen Zuckerkiefern besteht. Wir sind jetzt in den Bergen und sie sind in uns, entfachen Begeisterung, lassen jeden Nerv zittern, erfüllen jede Pore und Zelle von uns. Unser Körper aus Fleisch und Knochen erscheint der Schönheit um uns herum durchsichtig wie Glas, als wäre er wirklich ein untrennbarer Teil davon, bebend mit der Luft und den Bäumen, Flüssen und Felsen, in den Wellen der Sonne – ein Teil der ganzen Natur, weder alt noch jung, krank noch gesund, sondern unsterblich. Gerade jetzt kann ich mir kaum einen körperlichen Zustand vorstellen, der mehr von Nahrung oder Atem abhängig ist als der Boden oder der Himmel. Was für eine herrliche Bekehrung, so vollständig und heilsam sie ist, kaum genug Erinnerungen an die alten Tage der Knechtschaft, von denen man sie betrachten könnte! In dieser Neuheit des Lebens scheinen wir schon immer so gewesen zu sein.

Durch eine Lichtung in den Kiefernwäldern sehe ich schneebedeckte Gipfel an den Quellflüssen des Merced oberhalb von Yosemite. Wie nah scheinen sie zu sein und wie klar zeichnen sich ihre Umrisse in der blauen Luft ab, oder vielmehr *in* der blauen Luft; denn sie scheinen von ihr durchdrungen zu sein. Wie verzehrend stark ist die Einladung, die sie aussprechen! Soll ich zu ihnen gehen dürfen? Tag und Nacht werde ich darum beten, aber es scheint zu schön, um wahr zu sein. Jemand Würdiges wird gehen, der für die göttliche Arbeit geeignet ist, doch so weit ich kann, muss ich um diese Berge, die ein Denkmal der Liebe sind, herumtreiben, froh, ein Diener der Diener in einer so heiligen Wildnis zu sein.

eine schöne Lilie (*Calochortus albus*) gefunden, zusammen mit *Adiantum Chilense* . Sie ist weiß mit einem schwachen violetten Schimmer an der Unterseite der Blütenblätter, eine höchst eindrucksvolle Pflanze, rein wie ein Schneekristall, eine der Pflanzenheiligen, die jeder lieben muss und die jedes Mal, wenn sie gesehen wird, noch reiner wird. Sie bringt selbst den rauesten Bergsteiger zu gutem Benehmen. Mit dieser Pflanze würde die ganze Welt reich erscheinen, auch wenn es keine andere gäbe. Es ist nicht leicht, mit der Camp Cloud weiterzumachen, während solche Pflanzenmenschen am Wegesrand stehen und predigen.

Am Nachmittag kamen wir an einer schönen Wiese vorbei, die von stattlichen Kiefern begrenzt war, hauptsächlich von der pfeilförmigen Gelbkiefer, und hier und da stand eine edle Zuckerkiefer, deren federartige Arme in deutlichem Kontrast über die Spitzen ihrer Begleitart ausgebreitet waren; ein herrlicher Baum, dessen Zapfen 15 bis 20 Zoll lang waren und wie Quasten an den Enden der Zweige baumelten und eine hervorragende dekorative Wirkung hatten. Wir haben einige Stämme dieser Art in der Greeley Mill gesehen. Sie sind rund und regelmäßig, als ob sie auf einer Drehbank gedreht worden wären, mit Ausnahme der Stammschnitte, die einige stützende Vorsprünge haben. Der Duft des zuckerhaltigen Saftes ist köstlich und erfüllt die Mühle und den Holzplatz mit seinem Duft. Wie schön ist der Boden unter dieser Kiefer, der dicht mit schlanken Nadeln und großen Zapfen übersät ist, und die Haufen von Zapfenschuppen, Samenflügeln und Schalen rund um die Spanne jedes Baumes, an denen die

Eichhörnchen gefressen haben! Sie erhalten die Samen, indem sie die Schuppen an der Basis in regelmäßiger Reihenfolge abschneiden, wobei sie ihrer spiralförmigen Anordnung folgen, und die zwei Samen an der Basis jeder Schuppe, hundert oder zwei in einem Zapfen, müssen eine gute Mahlzeit ergeben. Die Zapfen der gelben Kiefer und die der meisten anderen Arten und Gattungen werden vom Douglas-Hörnchen kopfüber auf dem Boden gehalten und nach und nach umgedreht, bis sie abgestreift sind, während es normalerweise mit dem Rücken zu einem Baum sitzt, wahrscheinlich aus Sicherheitsgründen. Seltsamerweise scheint es sich nie mit Kaugummi einzuschmieren, nicht einmal seine Pfoten oder Schnurrhaare – und wie sauber und schön in der Farbe die Küchenabfälle sind, die er aus Zapfenstreu macht.

Wir nähern uns jetzt der Region der Wolken und kühlen Ströme. Herrliche weiße Cumuli erschienen gegen Mittag über der Yosemite-Region – schwimmende Fontänen, die die herrliche Wildnis erfrischten – Himmelsberge , in deren perlenartigen Hügeln und Tälern die Ströme entspringen – die mit kühlen Schatten und Regen segnen. Keine Felslandschaft ist vielfältiger in der Skulptur, keine feiner modelliert als diese Himmelslandschaften; Kuppeln und Gipfel erheben sich, schwellen an, weiß wie feinster Marmor und klar umrissen, eine höchst eindrucksvolle Manifestation des Weltenbaus. Jede Regenwolke, wie flüchtig sie auch sein mag, hinterlässt ihre Spuren, nicht nur auf Bäumen und Blumen, deren Pulse schneller werden, und auf den sich erfrischenden Strömen und Seen, sondern auch auf den Felsen sind ihre Spuren eingraviert, ob wir sie sehen können oder nicht.

Ich habe den merkwürdigen und einflussreichen Strauch *Adenostoma fasciculata untersucht* , der zuerst in der Nähe von Horseshoe Bend aufgefallen ist. Er wächst in großer Menge an den unteren Hängen des zweiten Plateaus bei Coulterville und bildet einen dichten, fast undurchdringlichen Wuchs, der von weitem dunkel aussieht. Er gehört zur Familie der Rosengewächse, wird etwa 1,80 bis 2,40 Meter hoch, trägt kleine weiße Blüten in Trauben von 20 bis 30 Zentimetern Länge, runde, nadelartige Blätter und eine rötliche Rinde, die im Alter brüchig wird. Er wächst auf sonnenbeschienenen Hängen und wird wie Gras oft von Lauffeuern weggefegt, erneuert sich aber rasch aus den Wurzeln heraus. Alle Bäume, die sich in seiner Mitte festgesetzt haben, werden schließlich durch diese Feuer vernichtet, und dies ist zweifellos das Geheimnis der Ungebrochenheit seiner breiten Gürtel. Einige Manzanitas, die ebenfalls nach dem Verzehr von Feuern wieder aus der Wurzel wachsen, haben sich als Wohnstätte in der Nähe eingefunden, außerdem einige Korbblütler – Baccharis und Linosyris – und einige Liliengewächse, hauptsächlich Calochortus und Brodiæa, mit tiefliegenden, vor Feuer geschützten Zwiebeln. Eine Vielzahl von Vögeln und „kleinen, glatten, scheuen, furchtsamen Viechern" finden in den tiefsten Dickichten ein gutes Zuhause, und die offenen Buchten und Gassen, die die Ränder der Hauptgürtel säumen, bieten den Hirschen Schutz und Nahrung, wenn sie von Winterstürmen von ihren Hochgebirgsweiden vertrieben werden. Eine höchst bewundernswerte Pflanze! Sie steht jetzt in Blüte, und ich trage ihre hübschen, duftenden Blütenstände gern im Knopfloch.

Azalea occidentalis , ein weiterer bezaubernder Strauch, wächst hier neben kühlen Bächen und viel höher in der Yosemite-Region. Wir haben ihn heute Abend in Blüte ein paar Meilen oberhalb von Greeley's Mill gesehen, wo wir für die Nacht unser Lager aufgeschlagen haben. Er ist eng mit den Rhododendren verwandt, sehr auffällig und duftend, und jeder muss ihn nicht nur für sich selbst mögen, sondern auch wegen der schattigen Erlen und Weiden, der farnartigen Wiesen und des lebendigen Wassers, das mit ihm einhergeht.

Heute begegnete mir ein weiterer Nadelbaum, die Weihrauchzeder (*Libocedrus decurrens*), ein großer Baum mit warmen gelbgrünen Blättern in flachen Federbüscheln wie bei Lebensbäumen und zimtfarbener Rinde. Da die Stämme der alten Bäume keine Äste haben, bilden sie eindrucksvolle Säulen in den Wäldern, wo die Sonne sie gerade bescheint – ein würdiger Begleiter der königlichen Zuckerkiefern und Gelbkiefern. Ich fühle mich seltsam von diesem Baum angezogen. Das braune, fein gemaserte Holz sowie die kleinen schuppenartigen Blätter sind wohlriechend, und die flachen, überlappenden Federbüschel bilden schöne Betten und müssen den Regen gut ableiten. Es wäre herrlich, sturmgepeitscht unter einem dieser edlen, gastfreundlichen, einladenden alten Bäume zu liegen, deren breite, schützende Arme sich wie ein Zelt nach unten beugen, aus dem Feuer, das aus den trockenen, abgefallenen Zweigen gemacht wurde, Weihrauch aufsteigt und über uns ein kräftiger Wind singt. Aber heute Nacht ist das Wetter ruhig, und unser Lager ist nur ein Schaflager. Wir sind in der Nähe des North Fork des Merced. Der Nachtwind erzählt von den Wundern der höheren Berge, ihren Schneefontänen und Gärten, Wäldern und Hainen; sogar ihre Topographie ist in seinen Tönen zu erkennen. Und die Sterne, die ewigen Himmelslilien, wie hell sie jetzt sind, da wir über den Staub des Tieflandes geklettert sind! Der Horizont wird von einer turmhohen Wand aus Kiefern begrenzt und geschmückt, jeder Baum steht in harmonischer Beziehung zu jedem anderen; eindeutige Symbole, göttliche Hieroglyphen, geschrieben mit Sonnenstrahlen. Könnte ich sie doch verstehen! Der Bach, der am Lager vorbei durch Farne, Lilien und Erlen fließt, ist süße Musik für das Ohr, aber die Kiefern, die sich um den Rand des Himmels drängen, sind noch süßere Musik für das Auge. Alles göttliche Schönheit. Hier könnte ich für immer mit nur Brot und Wasser gefesselt bleiben, und ich wäre auch nicht einsam; geliebte Freunde und Nachbarn würden, da die Liebe zu allem zunimmt, immer näher erscheinen, egal wie viele Meilen und Berge zwischen uns liegen.

7. Juni. Die Schafe waren letzte Nacht krank, und vielen von ihnen geht es noch lange nicht gut, sie können das Lager kaum verlassen, husten, stöhnen, sehen elend und erbärmlich aus, und das alles, weil sie die Blätter der gesegneten Azalee gefressen haben. Das sagen zumindest der Hirte und der Don. Da sie seit ihrem Weggang von den Ebenen nur wenig Gras hatten, verhungern sie und fressen deshalb alles Grüne, das sie kriegen können. „Schafmänner" nennen Azalee „Schafgift" und fragen sich, was sich der Schöpfer dabei gedacht hat, als er sie schuf – so verzweifelt macht das Schafgeschäft blind und entwürdigend, obwohl es in den guten alten Zeiten, von denen wir lesen, angeblich einen verfeinernden Einfluss hatte. Der kalifornische Schafbesitzer hat es eilig, reich zu werden, und das gelingt ihm oft, da die Weide nichts kostet und das Klima so günstig ist, dass keine Winterfutterversorgung, Schutzgehege oder Scheunen erforderlich sind. Daher können große Herden mit geringem Aufwand gehalten und große Gewinne erzielt werden, wobei sich das investierte Geld angeblich alle zwei Jahre verdoppelt . Dieser schnell erworbene Reichtum weckt normalerweise den Wunsch nach mehr. Und dann wird dem armen Kerl tatsächlich die Wolle über die Augen gezogen, so dass fast alles, was sehenswert ist, verdunkelt oder ausgeblendet wird.

Der Fall des Schafhirten ist noch schlimmer, besonders im Winter, wenn er allein in einer Hütte lebt. Denn obwohl er zuweilen von der Hoffnung angespornt wird, eines Tages eine Herde zu besitzen und reich zu werden wie sein Chef, wird er gleichzeitig wahrscheinlich durch das Leben, das er führt, erniedrigt und erreicht selten die Würde oder den Vorteil - oder Nachteil - des Eigentums. Die Erniedrigung in seinem Fall hat einen Grund, nach dem man nicht lange suchen muss. Er ist die meiste Zeit des Jahres einsam, und Einsamkeit scheint den meisten Menschen schwer zu ertragen. Er hat selten viel gute geistige Arbeit oder Erholung in Form von Büchern. Wenn er abends, dumm und müde, in seine schäbige Hütte kommt, findet er nichts, was sein Leben ins Gleichgewicht bringt und mit dem Universum in Einklang bringt. Nein, nach seinem stumpfsinnigen Gerenne den ganzen Tag hinter den Schafen her muss er sich sein Abendessen besorgen; wahrscheinlich wird er diese Aufgabe vernachlässigen und versuchen, seinen Hunger mit allem zu stillen, was ihm in die Hände fällt. Vielleicht ist kein Brot gebacken; dann macht er einfach ein paar schmutzige Pfannkuchen in seiner ungewaschenen Bratpfanne, kocht eine Handvoll Tee und brät vielleicht ein paar Streifen rostigen Speck. Normalerweise gibt es getrocknete Pfirsiche oder Äpfel in der Hütte, aber er hasst es, sich mit deren Zubereitung herumschlagen zu müssen, schluckt einfach den Speck und die Pfannkuchen und verlässt sich für den Rest auf die wohltuende Betäubung durch Tabak. Dann geht er ins Bett, oft ohne die Kleidung auszuziehen, die er tagsüber getragen hat. Natürlich leidet seine Gesundheit darunter, was sich auf seinen Geist auswirkt; und wenn er wochen- oder monatelang niemanden sieht, wird er schließlich halb oder ganz verrückt.

Der Schafhirte in Schottland denkt selten daran, etwas anderes zu sein als ein Schafhirte. Er stammt wahrscheinlich von einer Schafhirtenrasse ab und hat eine Liebe und Begabung für das Geschäft geerbt, die fast so ausgeprägt ist wie die seines Collies. Er muss nur eine kleine Herde hüten, sieht seine Familie und Nachbarn, hat bei schönem Wetter Zeit zum Lesen und nimmt oft Bücher mit auf die Felder, um sich mit Königen zu unterhalten. Der orientalische Schafhirte, so lesen wir, rief seine Schafe beim Namen; sie kannten seine Stimme und folgten ihm. Die Herden müssen klein und leicht zu handhaben gewesen sein, sodass man auf den Hügeln Pfiffe hörte und viel Muße zum Lesen und Nachdenken hatte. Aber was auch immer die Segnungen der Schafzucht in anderen Zeiten und Ländern sein mögen, der kalifornische Schafhirte ist, soweit ich es gesehen oder gehört habe, nie für längere Zeit ganz bei Verstand. Von allen Stimmen der Natur hört er so ziemlich nur „Mäh". Sogar das Heulen und die Geräusche der Kojoten könnten eine Wohltat sein, wenn man sie gut hört, doch er hört sie nur durch ein verschwommenes Geräusch aus Hammel- und Wollfell, und sie nützen ihm nichts.

Den kranken Schafen geht es wieder besser, und der Hirte spricht über die verschiedenen Gifte, die auf diesen Hochweiden lauern – Azalee, Kalmia, Alkali. Nachdem wir den North Fork des Merced überquert hatten, bogen wir nach links in Richtung Pilot Peak ab und machten einen beträchtlichen Aufstieg auf einem felsigen, mit Gestrüpp bedeckten Grat nach Brown's Flat, wo die Herde zum ersten Mal seit dem Verlassen der Ebenen reichlich grünes Gras genießt. Mr. Delaney beabsichtigt, irgendwo in der Gegend ein dauerhaftes Lager für mehrere Wochen zu suchen.

Vor Mittag kamen wir an der Bower Cave vorbei, einem entzückenden Marmorpalast, der nicht dunkel und triefend, sondern voller Sonnenschein ist, der durch seine weit geöffnete Öffnung nach Süden hineinströmt. Er hat einen schönen, tiefen, klaren kleinen See mit moosbewachsenen Ufern, die von breitblättrigen Ahornbäumen umsäumt sind, alles unter der Erde, ganz anders als alles, was ich in der Höhlenlandschaft selbst in Kentucky gesehen habe, wo ein großer Teil des Staates von Höhlen durchzogen ist. Dieses merkwürdige Exemplar unterirdischer Landschaft befindet sich auf einem Marmorgürtel, der sich angeblich vom nördlichen Ende der Bergkette bis in den äußersten Süden erstreckt. Es gibt viele andere Höhlen auf dem Gürtel, aber keine wie diese, soweit ich weiß, da sie sonnige Helligkeit und Vegetation im Freien mit der kristallklaren Schönheit der Unterwelt verbindet. Sie gehört einem Franzosen, der sie eingezäunt und verschlossen hat, ein Boot auf dem kleinen See platziert hat und Sitzgelegenheiten auf dem moosbewachsenen Ufer unter den Ahornbäumen bietet und einen Dollar Eintritt verlangt. Da es an einer der Routen zum Yosemite Valley liegt, wird es in den Reisemonaten im Sommer von vielen Touristen besucht, die es als interessante Ergänzung zu ihren Yosemite-Wundern betrachten.

Gifteiche oder Giftefeu (*Rhus diversiloba*), sowohl als Busch als auch als Kletterpflanze auf Bäume und Felsen, ist in der gesamten Vorgebirgsregion bis zu einer Höhe von mindestens 3000 Fuß über dem Meeresspiegel verbreitet. Für die meisten Reisenden ist sie etwas lästig, da sie Haut und Augen entzündet, aber sie harmoniert harmonisch mit ihren Begleitpflanzen, und viele zauberhafte Blumen lehnen sich vertrauensvoll an sie, um Schutz und Schatten zu finden. Ich habe oft die seltsame Kletterlilie (*Stropholirion Californicum*) gesehen, die ihre Zweige hochklettert und dabei keine Furcht, sondern vielmehr eine angenehme Gesellschaft zeigt. Schafe fressen sie ohne erkennbare negative Folgen; bis zu einem gewissen Grad tun dies auch Pferde, obwohl sie sie nicht mögen, und für viele Menschen ist sie harmlos. Wie die meisten anderen Dinge, die für den Menschen scheinbar nicht nützlich sind, hat sie nur wenige Freunde, und die blinde Frage „Warum wurde sie erschaffen?" geht immer weiter, ohne dass jemals vermutet wird, dass sie in erster Linie für sich selbst erschaffen worden sein könnte.

Brown's Flat ist ein flaches, fruchtbares Tal auf der Wasserscheide zwischen dem North Fork des Merced und dem Bull Creek, mit herrlichen Ausblicken in alle Richtungen. Hier hatte der abenteuerlustige Pionier David Brown viele Jahre lang sein Hauptquartier aufgeschlagen und seine Zeit zwischen Gold- und Bärenjagd aufgeteilt. Wo könnte ein einsamer Jäger eine bessere Einsamkeit finden? Wild in den Wäldern, Gold in den Felsen, Gesundheit und Hochgefühl in der Luft und die Farben und Wolkenpracht des Himmels bei jedem Wetter inspirierend. Obwohl er wie die meisten Pioniere ein streng praktisch veranlagter Mensch war, scheint der alte David die Landschaft ungewöhnlich gern gehabt zu haben. Mr. Delaney, der ihn gut kannte, erzählt mir, dass er es innig liebte, auf den Gipfel eines beherrschenden Bergrückens zu klettern, um über den Wald zu den schneebedeckten Gipfeln und Flussquellen zu blicken und über die Täler und Schluchten im Vordergrund zu blicken, um anhand des Rauchs aus Hütten und Lagerfeuern, des Geräusches von Äxten usw. zu erkennen, wo Bergleute arbeiteten oder Schürfrechte aufgegeben wurden. und wenn ein Gewehrschuss zu hören war, zu raten, wer der Jäger war, ob ein Indianer oder ein Wilderer aus seinem weiten Revier. Sein Hund Sandy begleitete ihn überall hin, und der kleine haarige Bergbewohner kannte und liebte seinen Herrchen und die Ziele seines Herrchens. Bei der Hirschjagd hatte er nur wenig zu tun: Er trabte hinter seinem Herrchen her, während er langsam durch den Wald ging, achtete darauf, nicht schwer auf trockene Zweige zu treten, suchte offene

Stellen im Chaparral ab, wo das Wild am frühen Morgen und gegen Sonnenuntergang gerne weidet; spähte vorsichtig über Bergkämme, wenn er neue Aussichtspunkte erreichte, und entlang der Wiesenufer der Flüsse. Aber bei der Bärenjagd wurde der kleine Sandy wichtiger, und als Bärenjäger wurde Brown berühmt. Seine Jagdmethode, wie sie von Mr. Delaney beschrieben wurde, der viele Nächte mit ihm in seiner einsamen Hütte verbracht und seine Geschichten gelernt hatte, bestand einfach darin, mit Hund, Gewehr und einigen Pfund Mehl langsam und leise durch die besten Bärenweiden zu streifen, bis er eine frische Spur fand, der er dann bis zum Tod folgte, ohne auf die dafür benötigte Zeit zu achten. Wohin der Bär auch ging, er folgte ihm, geführt von dem kleinen Sandy, der eine feine Nase hatte und die Spur nie verlor, wie steinig der Boden auch war. Wenn hohe, offene Stellen erreicht wurden, suchte man die wahrscheinlichsten Stellen sorgfältig ab. Die Jahreszeit ermöglichte es dem Jäger, ungefähr festzustellen, wo der Bär zu finden war – im Frühjahr und Frühsommer an offenen Stellen an Bachufern und frühlingshaften Stellen, wo er Gras, Klee und Lupinen fraß, oder auf trockenen Wiesen, wo er Erdbeeren fraß; gegen Ende des Sommers auf trockenen Bergrücken, wo er Manzanitabeeren fraß, auf seinen Hinterbeinen sitzend, die schweren Äste mit seinen Pfoten herunterzog und sie zusammenpresste, um gute, kompakte Bissen zu bekommen, auch wenn diese mit Zweigen und Blättern vermischt waren; im Altweibersommer unter den Kiefern, wo er die von den Eichhörnchen abgeschnittenen Zapfen kaute oder gelegentlich auf einen Baum kletterte, um an den fruchttragenden Zweigen zu nagen und sie abzubrechen. Im Spätherbst, wenn die Eicheln reif sind, sind Haine der Kalifornischen Eiche in parkähnlichen Canyonebenen Bruins bevorzugte Futterplätze. Der schlaue Jäger wusste immer, wo er suchen musste, und traf Bruin selten unversehens. Wenn die heiße Witterung verriet, dass das gefährliche Wild in der Nähe war, wurde ein langer Halt eingelegt und die Feinheiten der Topographie und Vegetation gemächlich abgesucht, um einen Blick auf den zottigen Wanderer zu erhaschen oder zumindest festzustellen, wo er sich am wahrscheinlichsten aufhielt.

„Wenn ich einen Bären sah", sagte der Jäger, „bevor er mich sah, hatte ich keine Probleme, ihn zu töten. Ich studierte einfach die Lage des Geländes und ging in Lee, egal wie weit ich herumgehen musste, und arbeitete mich dann bis auf ein paar hundert Meter vor, an den Fuß eines Baumes, den ich leicht erklimmen konnte, der aber zu klein für den Bären war. Dann überprüfte ich den Zustand meines Gewehrs, zog meine Stiefel aus, um bei Bedarf gut klettern zu können, und wartete, bis der Bär sich auf die Seite drehte und ich ihn gut sehen konnte, um einen sicheren oder zumindest guten Schuss abgeben zu können. Falls er kämpfte, kletterte ich außer Reichweite. Aber Bären sind langsam und ungeschickt mit ihren Augen, und da sie in Lee waren, konnten sie mich nicht riechen, und ich konnte oft einen zweiten Schuss abgeben, bevor sie den Rauch bemerkten. Normalerweise rennen sie jedoch weg, wenn sie verwundet sind, und verstecken sich im Gebüsch. Ich ließ sie eine gute Zeit lang laufen, bevor ich wagte, ihnen zu folgen, und Sandy war ziemlich sicher, sie tot vorzufinden. Wenn nicht, bellte er und lenkte ihre Aufmerksamkeit ab und stürzte sich gelegentlich auf einen ablenkenden Biss, sodass ich in eine sichere Entfernung gelangen konnte, um einen letzten Schuss abzugeben. Oh ja, die Bärenjagd ist sicher genug, wenn man sie auf sichere Weise verfolgt, obwohl es wie bei jedem anderen Geschäft auch Unfälle gibt und der kleine Hund und ich schon ein paar Mal knapp dabei waren. Bären gehen Menschen im Allgemeinen gerne aus dem Weg, aber wenn eine alte, magere, hungrige Mutter mit Jungen auf ihrem eigenen Territorium einem Mann begegnen würde, würde sie meiner Meinung nach versuchen, ihn zu fangen und zu fressen. Das wäre sowieso nur fair, denn wir fressen sie, aber meines Wissens wurde hier in der Gegend noch niemand für Bärenfutter verwendet.“

Brown hatte sein Bergheim bereits verlassen, bevor wir ankamen, aber eine beträchtliche Anzahl Digger-Indianer lebt noch immer in ihren Hütten aus Zedernrinde am Rande der Ebene. Sie wurden in erster Linie von dem weißen Jäger angezogen, den sie zu respektieren gelernt hatten und von dem sie Führung und Schutz vor ihren Feinden, den Pah Utes, erwarteten, die manchmal von der Ostseite der Bergkette her überfielen, um die Vorräte der vergleichsweise schwachen Digger zu plündern und ihre Frauen zu stehlen.

KAPITEL II

Im Lager am nördlichen Arm des Merced

8. Juni. Die Schafe, jetzt grasbedeckt und gutmütig, knabberten langsam ihren Weg hinunter in das Tal des North Fork des Merced am Fuße des Pilot Peak Ridge zu dem Ort, den der Don für unser erstes zentrales Lager ausgewählt hatte, eine malerische, trichterförmige Senke, die durch zusammenlaufende Hügelhänge an einer Flussbiegung gebildet wurde. Hier wurden im Schatten der Bäume am Flussufer Gestelle für Geschirr und Proviant aufgestellt, und Beete aus Farnwedeln, Zedernfedern und verschiedenen Blumen, jede nach dem Geschmack ihres Besitzers, und ein Korral auf der offenen Ebene für die Wolle.

9. Juni. Wie tief war unser Schlaf letzte Nacht im Herzen des Berges, unter den Bäumen und Sternen, gedämpft durch feierlich klingende Wasserfälle und viele kleine, beruhigende Stimmen, die in süßem Einklang Frieden flüstern! Und unser erster reiner Bergtag, warm, ruhig, wolkenlos – wie unermesslich scheint er, wie heiter wild! Ich kann mich kaum an seinen Anfang erinnern. Entlang des Flusses, über den Hügeln, im Boden, im Himmel geht die Frühlingsarbeit mit freudiger Begeisterung weiter, neues Leben, neue Schönheit, entfaltet sich, entrollt sich in herrlicher, überschwänglicher Extravaganz – neue Vögel in ihren Nestern, neue geflügelte Kreaturen in der Luft und neue Blätter, neue Blumen, die sich ausbreiten, leuchten und überall jubeln.

Die Bäume rund um das Lager stehen dicht beieinander und spenden reichlich Schatten für Farne und Lilien, während vom Ufer aus das meiste Sonnenlicht den Boden erreicht und Gräser und Blumen in herrlicher Pracht erblühen lässt, hohe Bromelie, die wie Bambus weht, sternförmige Korbblütler, Monardella, Mariposa-Tulpen, Lupinen, Gilias, Veilchen, fröhliche Kinder des Lichts. Bald wird jeder Farnwedel entrollt sein, große Beete mit gewöhnlichen Pteris und Woodwardia entlang des Flusses, Kränze und Rosetten aus Pellaea und Cheilanthes auf sonnigen Felsen. Einige der Woodwardia-Wedel sind bereits sechs Fuß hoch.

Ein hübscher kleiner Strauch, *Chamæbatia foliolosa*, der zur Familie der Rosen gehört, breitet kilometerweit ohne Unterbrechung einen gelbgrünen Mantel unter den Zuckerkiefern aus, der nicht mit anderen Pflanzen vermischt oder aufgerauht ist. Nur hier und da sieht man eine Washington-Lilie, die über seiner glatten Oberfläche nickt, oder ein oder zwei Büschel hoher Trespen, als ob sie zur Zierde dienen würden. Dieser schöne Teppichstrauch beginnt etwa 2.500 oder 3.000 Fuß über dem Meeresspiegel zu erscheinen, ist etwa kniehoch oder weniger, hat braune Zweige und die größten Stämme sind nur etwa einen halben Zoll im Durchmesser. Die hellgelbgrünen, dreimal

gefiederten und fein geschnittenen Blätter verleihen ihnen ein üppiges
farnartiges Aussehen und sie sind mit winzigen Drüsen übersät, die Wachs
mit einem besonderen, angenehmen Geruch absondern, der sich wunderbar
mit dem würzigen Duft der Kiefern vermischt. Die Blüten sind weiß, fünf
Achtel Zoll im Durchmesser und sehen aus wie die der Erdbeere. Ich bin
entzückt von diesem kleinen Busch. Es ist der einzige echte Teppichstrauch
in diesem Teil der Sierra. Aus Manzanita, Rhamnus und den meisten
Ceanothus-Arten werden eher zottelige Teppiche und Fransenborten als
Teppiche oder Kaminsimse hergestellt.

Die Schafe sind mit ihren neuen Weiden nicht zufrieden, vielleicht weil sie
zu dicht von den Hügeln umzingelt sind. Sie kommen nie richtig zur Ruhe.
Letzte Nacht hatten sie Angst, wahrscheinlich weil Bären oder Kojoten
herumstreunten und einen Teil der großen Hammelmasse erbeuten wollten.

10. Juni . Sehr warm. Wir holen Wasser für das Lager aus einem Felsbecken
am Fuße eines malerischen, kaskadenartigen Flussabschnitts, wo es gut
gerührt und belebt wird, ohne zu staubigem Schaum geschlagen zu werden.
Der Fels hier ist schwarzer metamorpher Schiefer, der in den Flussbetten zu
glatten Noppen abgeschliffen ist und einen Kontrast zu dem feinen grauen
und weißen Kaskadenwasser bildet, das in spitzenartigen Schichten und
geflochtenen, sich über die Strömungen wölbenden Wasser gleitet, gleitet
und fällt. Büschel von Seggen, die auf den Felsnoppen wachsen, die über die
Oberfläche hinausragen, erzeugen einen bezaubernden Effekt. Die langen,
elastischen Blätter wölben sich in alle Richtungen, die Spitzen der längsten
hängen in die Strömung, die sich an den vorspringenden Felsen teilt und
noch feinere Linien bildet und sich mit den Seggen vereint, um zu sehen, wie
schön der fröhliche Strom sein kann. Und das ist noch nicht alles, denn auf
einigen der Felsnoppeninseln wächst auch der Riesen-Steinbrech, der fest
verankert ist und seine breiten, runden, schirmartigen Blätter in auffälligen
Gruppen allein oder über den Seggenbüscheln zeigt. Die Blüten dieser Art (
Saxifraga peltata) sind violett und bilden hohe, drüsige Trauben, die blühen,
bevor die Blätter erscheinen. Die fleischigen Wurzelstöcke klammern sich in
Rissen und Höhlen am Fels fest und ermöglichen es der Pflanze so,
gelegentlichen Überschwemmungen standzuhalten – eine markante Art, die
von der Natur eingesetzt wird, um die interessantesten Teile dieser kühlen,
klaren Flüsse noch schöner zu machen. In der Nähe des Lagers wölben sich
die Bäume von Ufer zu Ufer und bilden einen blätterreichen Tunnel voller
sanftem, gedämpftem Licht, durch den der junge Fluss wie ein glückliches
Lebewesen singt und leuchtet.

Ich hörte ein paar Donnerschläge aus der oberen Sierra und sah feste, weiße,
kugelige Wolkenhaufen hinter den Kiefern aufsteigen. Das war etwa Mittag.

11. Juni. An einem der östlichen Arme des Flusses entdeckten wir einige bezaubernde Kaskaden mit einem Teich am Fuße jedes von ihnen. Weißes, spritzendes Wasser, ein paar Büsche und Seggenbüschel auf Felsvorsprüngen, die sich mit schöner Wirkung neigen, und große orangefarbene Lilien, die in prächtigen Gruppen auf fruchtbaren Erdbetten neben den Teichen versammelt waren.

In der Nähe des Lagers gibt es keine großen Wiesen oder Grasebenen, die unseren Tausenden von fleißigen Knabbern dauerhafte Weideflächen bieten könnten. Die Hauptquelle sind Ceanothus-Büsche auf den Hügeln und hier und da Büschelgrasflächen, mit Lupinen und Erbsenranken zwischen den Blumen auf sonnigen Freiflächen. Große Flächen sind bereits kahl oder fast kahl, was die armen, hungrigen Wollbündel dazu zwingt, sich weit und breit zu zerstreuen, was die Hirten und Hunde dazu zwingt, sie in Grenzen zu halten. Mr. Delaney ist in die Ebenen zurückgekehrt und hat den Indianer und den Chinesen mitgenommen. Er hat die Anweisung hinterlassen, die Herde hier oder in der Nähe zu halten, bis er zurückkommt, was, wie er versprach, nicht lange auf sich warten lassen würde.

Wie schön das Wetter ist! Nichts Himmlischeres kann ich mir vorstellen. Wie sanft die Winde wehen! Diese ruhigen Luftströmungen kann man kaum Winde nennen. Sie scheinen der Atem der Natur selbst zu sein, der jedem Lebewesen Frieden zuflüstert. Unten im Camp Dell schwanken keine Baumwipfel; die meiste Zeit bewegt sich kein Blatt. Ich kann mich nicht erinnern, jemals eine einzige Lilie auf ihrem Stengel schaukeln gesehen zu haben, obwohl sie so hoch sind, dass sie beim kleinsten Lüftchen ins Wanken geraten würden. Was für prächtige Glocken diese Lilien haben! Einige von ihnen sind groß genug für Kinderhauben. Ich habe sie skizziert und würde gern jedes Blatt ihrer breiten, glänzenden Wirbel und jedes gebogene und gefleckte Blütenblatt zeichnen. Schönere, besser gepflegte Gärten kann man sich nicht vorstellen. Die Art heißt *Lilium pardalinum* , fünf bis sechs Fuß hoch, Blattwirbel einen Fuß breit, Blüten etwa sechs Zoll breit, leuchtend orange, im Schlund violett gefleckt, Blütenblätter nach hinten gerollt – eine majestätische Pflanze.

12. Juni. Ein leichter Regenguss – große Tropfen weit auseinander, die mit kräftigem Klatschen und Plätschern auf Blätter und Steine und in die Münder der Blumen fallen. Cumuli steigen nach Osten auf. Wie schön ihre perlenartigen Ausbuchtungen! Wie gut sie mit den aufsteigenden Felsen unter ihnen harmonieren. Berge des Himmels, solide aussehend, fein geformt, ihre reichhaltige, abwechslungsreiche Topographie wunderbar definiert. Nie zuvor habe ich Wolken gesehen, die in Form und Struktur so massiv aussehen. Fast jeden Tag gegen Mittag steigen sie mit sichtbarer schwellender Bewegung auf, als würden neue Welten erschaffen. Und wie liebevoll sie mit ihren kühlenden Schatten und Regenschauern über den

Gärten und Wäldern brüten und schweben und jedes Blütenblatt und Blatt bei bester Gesundheit und Herz halten. Man könnte sich vorstellen, dass die Wolken selbst Pflanzen sind, die auf den Ruf der Sonne in den Himmelsfeldern auftauchen, in Schönheit wachsen, bis sie ihre Blütezeit erreichen, Regen und Hagel wie Beeren und Samen verstreuen und dann verwelken und sterben.

Die hier weit verbreitete und etwa 300 Meter höher wachsende Virginia-Eiche ähnelt der Virginia-Eiche Floridas nicht nur in ihrem allgemeinen Erscheinungsbild, Laub, Rinde und weit verzweigten Wuchs, sondern auch in ihrem zähen, knotigen, nicht keilbaren Holz. Die größten Bäume stehen allein und haben viel Bewegungsfreiheit. Sie haben einen Durchmesser von etwa 2,1 bis 2,4 Metern in Bodennähe, sind 18 Meter hoch und haben eine ebenso breite oder breitere Krone. Die Blätter sind klein und ungeteilt, meist ohne Zähne oder gewellte Ränder, obwohl einige an jungen Trieben scharf gezähnt sind. Beide Arten kommen am selben Baum vor. Die Kelche der mittelgroßen Eicheln sind flach, dickwandig und mit einer goldenen Schicht winziger Härchen bedeckt. Manche Bäume haben kaum einen Hauptstamm und teilen sich in Bodennähe in große, weit ausladende Äste, die sich immer wieder teilen und in langen, herabhängenden, schnurartigen Zweigen enden, von denen viele fast bis zum Boden reichen, während ein dichtes Blätterdach aus kurzen, glänzenden, blätterigen Zweigen einen runden Kopf bildet, der bei Sonnenschein ein wenig wie eine Kumuluswolke aussieht.

CAMP, NÖRDLICHER GABEL DES MERCED

Bergeiche (*Quercus chrysolepis*), 2,44 m Durchmesser

Eine auffällige Pflanze ist der Buschmohn (*Dendromecon rigidum*), der auf den heißen Hügeln in der Nähe des Lagers wächst. Er ist das einzige holzige Mitglied dieser Ordnung, das ich bisher auf all meinen Wanderungen gesehen habe. Seine Blüten sind leuchtend orangegelb, 2,5 bis 5 cm breit, die Fruchtschalen sind 7,5 bis 10 cm lang, schlank und gebogen. Die Sträucher sind etwa 1,20 m hoch und bestehen aus vielen schlanken, geraden Zweigen, die von der Wurzel ausgehen. Er ist ein Begleiter der Manzanita und anderer sonnenliebender Chaparral-Sträucher.

13. Juni. Ein weiterer herrlicher Tag in der Sierra, an dem man sich aufzulösen und zu absorbieren scheint und pulsierend weitergeschickt wird, wir wissen nicht wohin. Das Leben scheint weder lang noch kurz, und wir achten nicht mehr darauf, Zeit zu sparen oder uns zu beeilen, als die Bäume und Sterne. Das ist wahre Freiheit, eine gute, praktische Art von Unsterblichkeit. Dort drüben erhebt sich ein weiteres weißes Himmelsland. Wie scharf zeichnen sich die gelben Kieferntürme und die palmenartigen Kronen der Zuckerkiefern auf seinen glatten weißen Kuppeln ab. Und horch! Die gewaltigen Donnerwogen dröhnen, rollen von Bergrücken zu Bergrücken, gefolgt vom treuen Regenschauer.

Viele krautige Pflanzen kommen von den Ebenen bis hier herauf und blühen jetzt, zwei Monate später als ihre Verwandten aus dem Tiefland. Habe heute ein paar Akelei gesehen. Die meisten Farne stehen in voller Blüte – Steinfarne auf den sonnigen Hängen, Cheilanthes, Pellaea, Gymnogramme;

Woodwardia, Aspidium, Woodsia entlang der Flussufer und die häufige *Pteris aquilina* auf Sandebenen. Letztere ist zwar häufig, zeigt hier aber eine starke, üppige, überbordende Schönheit, die den Botaniker vor Bewunderung außer sich geraten lässt. Ich habe einige seltene ausgewachsene Exemplare gemessen, die über sieben Fuß hoch sind. Obwohl es sich um den häufigsten und am weitesten verbreiteten aller Farne handelt, könnte ich fast sagen, dass ich ihn noch nie zuvor gesehen habe. Die breitschultrigen Wedel, die hoch auf glatten, kräftigen Stielen stehen, wachsen dicht beieinander, neigen sich übereinander und überlappen sich, bilden eine vollständige Decke, unter der man aufrecht über mehrere Morgen gehen kann, ohne gesehen zu werden, als ob man unter einem Dach wäre. Und wie sanft und lieblich das Licht ist, das durch diese lebendige Decke strömt und die bogenförmigen, verzweigten Rippen und Adern der Wedel als Rahmen aus zahllosen, sorgfältig ineinander gefügten Scheiben aus hellgrünem und gelbem Pflanzenglas enthüllt – ein Märchenland, erschaffen aus dem gewöhnlichsten Farnmaterial.

Die kleineren Tiere wandern umher wie in einem tropischen Wald. Ich sah, wie die ganze Schafherde auf der einen Seite eines Flecks verschwand und auf der anderen Seite hundert Meter weiter wieder auftauchte. Ihr Vorankommen wurde nur durch das Zittern und Zittern der Wedel verraten; und seltsamerweise waren nur sehr wenige der kräftigen Holzstämme gebrochen. Ich saß lange Zeit unter den höchsten Wedeln und habe noch nie etwas so seltsam eindrucksvolles wie eine Laube aus wilden Blättern genossen. Man muss nur einen Farnwedel über den Kopf eines Mannes ausbreiten, und weltliche Sorgen werden vertrieben, und Freiheit, Schönheit und Frieden kommen zurück. Das Wiegen einer Kiefer auf einem Berggipfel – ein Zauberstab in der Hand der Natur – jeder fromme Bergsteiger kennt seine Macht; aber welcher Dichter hat die wunderbare Schönheit dessen besungen, was die Schotten einen Breckan in einem stillen Tal nennen? Es scheint unmöglich, dass sich irgendjemand, wie sehr er auch mit Sorgen behaftet ist, dem göttlichen Einfluss dieser heiligen Farnwälder entziehen könnte. Doch heute sah ich einen Hirten durch einen der schönsten Farne gehen, ohne dabei mehr Gefühle zu zeigen als seine Schafe. „Was halten Sie von diesen großartigen Farnen?", fragte ich. „Oh, das sind nur verdammt große Bremsen", antwortete er.

Eidechsen jeder Art, Art und Farbe leben hier, scheinbar so glücklich und gesellig wie die Vögel und Eichhörnchen. Sie sind bescheidene, sanfte Mitmenschen, die Gottes Sonnenschein genießen und ihr Bestes tun, um ihren Lebensunterhalt zu verdienen. Ich beobachte sie gern bei ihrer Arbeit und ihrem Spiel. Sie sind gut bekannt und man mag sie umso lieber, je länger man in ihre schönen, unschuldigen Augen schaut. Sie sind leicht zu zähmen und man lernt sie bald lieb zu haben, wenn sie auf den heißen Felsen umherflitzen, schnell wie Libellen. Das Auge kann ihnen kaum folgen; aber sie machen nie lange Strecken, normalerweise nur etwa drei bis vier Meter, dann einen plötzlichen Halt und einen ebenso plötzlichen Start; sie legen alle ihre Strecken mit schnellen, ruckartigen Impulsen zurück. Diese vielen Stopps sind meiner Ansicht nach als Ruhepausen notwendig, denn sie sind kurzatmig und wenn man sie stetig verfolgt, sind sie bald außer Atem, keuchen erbärmlich und sind leicht zu fangen. Ihr Körper besteht aus mehr als einem halben Schwanz, aber diese Schwänze sind gut geführt, nie schwer geschleift oder nach oben gebogen, als ob sie schwer zu tragen wären; im Gegenteil, sie scheinen dem Körper leicht und aus eigenem Antrieb zu folgen. Einige sind gefärbt wie der Himmel, hell wie Drosseln, andere grau wie die flechtenbedeckten Felsen, auf denen sie jagen und sich sonnen. Sogar die Krötenhörnchen der Ebenen sind sanfte, harmlose Geschöpfe, und das gilt auch für die schlangenartigen Arten, die mit echten Schlangenbewegungen in Kurven gleiten, während ihre kleinen, unentwickelten Gliedmaßen wie nutzlose Anhängsel hinterherschleifen. Ein vierzehn Zoll langes Exemplar, das ich genau beobachtete, machte überhaupt keinen Gebrauch von seinen zarten, sprießenden Gliedmaßen, sondern glitt mit der ganzen weichen, schlauen Leichtigkeit und Anmut einer Schlange. Da kommt ein kleiner, grauer, staubiger Kerl, der mich zu kennen und mir zu vertrauen scheint, der um meine Füße herumläuft und mir listig ins Gesicht blickt. Carlo beobachtet ihn und stürzt sich schnell auf ihn, vermutlich aus Spaß; aber Liz ist wie ein Pfeil von seinen Pfoten weggeflogen und befindet sich sicher in den Tiefen eines Chaparral-Buschs. Sanfte Saurier, Drachen, Nachkommen einer alten und mächtigen Rasse, möge der Himmel euch alle segnen und eure Tugenden bekannt machen! Denn nur wenige von uns wissen bisher, dass Schuppen andere Geschöpfe bedecken können, die so sanft und liebenswert sind wie Federn, Haare oder Stoff.

Mastodonten und Elefanten lebten hier vor nicht allzu langer geologischer Zeit, wie ihre Knochen belegen, die Bergleute oft beim Waschen von Goldkies entdeckten. Und neben dem kalifornischen Löwen oder Panther gibt es hier heute mindestens zwei Bärenarten, außerdem Wildkatzen, Wölfe, Füchse, Schlangen, Skorpione, Wespen und Vogelspinnen; aber manchmal ist man fast versucht, eine kleine wilde schwarze Ameise als Herrscher dieser riesigen Bergwelt zu betrachten. Diese furchtlosen, ruhelosen, umherwandernden Kobolde sind zwar nur etwa einen halben Zentimeter lang, aber sie sind kampf- und beißenfreudiger als jedes andere Tier, das ich kenne. Sie greifen jedes Lebewesen in ihrer Umgebung an, oft ohne Grund, soweit ich sehen kann. Ihre Körper bestehen meist aus Kiefern, die wie Eishaken gebogen sind, und es scheint ihr Hauptziel und Vergnügen zu sein, diese Waffen einzusetzen. Die meisten ihrer Kolonien sind in etwas verfallenen oder ausgehöhlten Eichen angesiedelt, in denen sie bequem ihre Zellen bauen können. Diese werden wahrscheinlich wegen ihrer Stärke gegenüber Angriffen durch Tiere und Stürme ausgewählt. Sie arbeiten Tag und Nacht, kriechen in dunkle Höhlen, klettern auf die höchsten Bäume, wandern und jagen durch kühle Schluchten ebenso wie auf heißen, unbeschatteten Bergrücken und legen ihre Straßen und Wege über alles außer Wasser und Himmel aus. Von den Vorgebirgen bis zu einer Meile über dem Meeresspiegel kann sich nichts ohne ihr Wissen rühren; und Alarme werden in unglaublich kurzer Zeit verbreitet, ohne dass wir ein Geheul oder einen Schrei hören. Ich kann nicht verstehen, warum sie so wilden Mut brauchen; es scheint keinen gesunden Menschenverstand darin zu stecken. Manchmal kämpfen sie zweifellos zur Verteidigung ihrer Heimat, aber sie kämpfen immer und überall, wo sie etwas zum Beißen finden. Sobald eine verwundbare Stelle bei Mensch oder Tier entdeckt wird, stellen sie sich auf den Kopf und versenken ihre Kiefer, und obwohl sie Glied für Glied zerrissen werden, halten sie sich doch fest und sterben, indem sie sich tiefer beißen. Wenn ich mir diese wilden Kreaturen anschaue, die so weit verbreitet und tief verschanzt sind, sehe ich, dass noch viel zu tun bleibt, bevor die Welt unter die Herrschaft universellen Friedens und der Liebe gebracht wird.

Auf dem Weg zum Lager kam ich vor ein paar Minuten an einer toten Kiefer mit einem Durchmesser von fast drei Metern vorbei. Sie ist von oben bis unten in Flammen gehüllt, sodass sie jetzt wie eine große schwarze Säule aussieht, die als Denkmal errichtet wurde. In diesem edlen Schaft hat sich eine Kolonie großer, pechschwarzer Ameisen niedergelassen, die mühsam Tunnel und Zellen durch das Holz graben, egal ob es gesund oder verrottet ist. Der gesamte Stamm scheint wabenförmig zu sein, wenn man nach der Größe der abgenagten Späne urteilt, die wie Sägemehl aussehen und sich um seinen Stamm herum anhäufen. Sie sehen intelligenter aus als ihre kleinen, streitlustigen, stark riechenden Brüder und haben bessere Manieren, obwohl sie schnell kämpfen, wenn es nötig ist. Ihre Städte sind in umgestürzte Stämme ebenso wie in die noch stehenden gehauen, aber nie in gesunde, lebende Bäume oder in den Boden. Wenn Sie sich zufällig in der Nähe einer Kolonie hinsetzen, um sich auszuruhen oder Notizen zu machen, wird Sie sicherlich ein wandernder Jäger finden und sich vorsichtig nähern, um die Natur des Eindringlings und das, was zu tun ist, herauszufinden. Wenn Sie nicht zu nahe an der Stadt sind und sich vollkommen still verhalten, läuft er vielleicht ein paar Mal über Ihre Füße, Beine, Hände und Ihr Gesicht, unter Ihre Hose, als würde er Maß nehmen und sich einen umfassenden Überblick verschaffen. Dann gehen Sie in Frieden, ohne Alarm zu schlagen. Bietet sich jedoch ein verlockender Platz oder wird er durch eine verdächtige Bewegung erregt, folgt ein Biss, und zwar ein richtiger Biss! Ich glaube, ein Bären- oder Wolfsbiss ist damit nicht zu vergleichen. Eine kurze elektrische Schmerzflamme zuckt durch die gereizten Nerven und Sie entdecken zum ersten Mal, wie groß Ihr Empfindungsvermögen ist . Ein Schrei, ein Greifen nach dem Tier und ein verwirrter Blick folgen auf diesen Biss der Bisse, wenn man nach einer plötzlichen Ohnmacht wieder zu Bewusstsein kommt. Glücklicherweise muss man, wenn man vorsichtig ist, nicht öfter als ein- oder zweimal im Leben gebissen werden. Diese wunderbare elektrische Art ist etwa drei Viertel Zoll lang. Bären sind ganz vernarrt in sie und reißen und nagen ihre Baumstämme in Stücke und verschlingen die Eier, Larven, Ameiseneltern und das faule oder gesunde Holz der Zellen, alles in einem würzigen, sauren Haschisch. Die Digger-Indianer sind auch ganz vernarrt in die Larven und sogar in die perfekten Ameisen, wie mir alte Bergbewohner erzählt haben. Sie beißen den Kopf ab und lehnen ihn ab und fressen den kitzelnden, sauren Körper mit großem Genuss. So werden die armen Beißer gebissen, wie jeder andere Beißer, ob groß oder klein, in der großen Familie der Welt.

Es gibt auch eine schöne, aktive, intelligent aussehende rote Art, die in der Größe zwischen den oben genannten liegt. Sie leben im Boden und bauen große Haufen aus Samenhülsen, Blättern, Stroh usw. über ihren Nestern. Ihre Nahrung scheint hauptsächlich aus Insekten und Pflanzenblättern, Samen und Saft zu bestehen. Wie viele Münder muss die Natur füllen, wie viele Nachbarn haben wir, wie wenig wissen wir über sie und wie selten kommen wir uns gegenseitig in die Quere! Und dann denkt man an die unendliche Zahl kleinerer Mitsterblicher, unsichtbar klein, im Vergleich zu denen die kleinsten Ameisen wie Mastodonten sind.

14. Juni. Die Becken unterhalb der Wasserfälle und Kaskaden, die hier durch die starken Strömungen gebildet werden, bleiben schön sauber und frei von Schutt. Die schwereren Teile des Materials, das über die Wasserfälle geschwemmt wird, werden in Form eines Damms ein kurzes Stück vor den Becken aufgehäuft und tragen so zusammen mit der Erosion dazu bei, ihre Größe zu vergrößern. Plötzliche Veränderungen treten jedoch während der Frühjahrsfluten auf, wenn der Schnee schmilzt und die oberen Zuflüsse laut „vom Ufer bis zum Abhang" rauschen. Dann werden Felsbrocken, die in die Kanäle gefallen sind und die die normalen Sommer- und Winterströmungen nicht bewegen konnten, plötzlich wie von einem mächtigen Besen nach vorne geschwemmt, über die Wasserfälle in diese Becken geschleudert und zusammen mit einem Teil des alten Damms in einem neuen Damm aufgehäuft, während einige der kleineren Felsbrocken weiter flussabwärts getragen und je nach Größe und Form unterschiedlich abgelegt werden, wobei sie alle dort Ruhe suchen, wo die Kraft der Strömung geringer ist als der Widerstand, den sie leisten können. Die größten Veränderungen in diesen Beziehungen zwischen Wasserfall, Teich und Damm werden jedoch nicht durch die gewöhnlichen Frühjahrsfluten verursacht, sondern durch außerordentliche Fluten, die in unregelmäßigen Abständen auftreten. Bäume, die auf Flutgesteinsablagerungen wachsen, zeigen, dass ein Jahrhundert oder mehr vergangen ist, seit die letzte große Flut alles

Bewegliche erweckte, um wirbelnd und tanzend auf wunderbare Reisen zu gehen. Diese Fluten können im Sommer auftreten, wenn schwere Gewitterschauer, sogenannte „Wolkenbrüche", auf breite, steil geneigte Flussbecken fallen, die von zusammenlaufenden Kanälen durchfurcht sind, die das Wasser plötzlich in tosenden Strömen mit enormer, wenn auch kurzlebiger Transportkraft im Hauptstamm zusammenführen.

Einer dieser alten Flutfelsen steht fest in der Mitte des Flussbetts, knapp unterhalb der unteren Kante des Teichdamms am Fuße des Wasserfalls, der unserem Lager am nächsten liegt. Es handelt sich um eine fast würfelförmige Granitmasse von etwa acht Fuß Höhe, die oben und an den Seiten bis zur normalen Hochwassermarke mit Moos bedeckt ist. Als ich heute auf ihn kletterte und mich zum Ausruhen hinlegte, schien es mir der romantischste Ort zu sein, den ich bisher gefunden hatte – der eine große Stein mit seiner moosbedeckten, ebenen Oberseite und den glatten Seiten stand quadratisch und fest und einsam da wie ein Altar, der Wasserfall davor übergoss ihn mit der feinsten Gischt, gerade genug, um seine Moosdecke frisch zu halten; der klare grüne Teich darunter mit seinen Schaumglöckchen und seinem Halbkreis aus Lilien, die sich wie eine Schar von Bewunderern nach vorne neigen, und blühende Hartriegel und Erlen, die sich in sonnendurchfluteten Bögen über alles beugen. Wie wohltuend kühl ist es unter dieser durchscheinenden, blätterbedeckten Decke, und wie herrlich ist die Musik des Wassers – die tiefen Bässe des Wasserfalls, die klatschende Gischt und die unendliche Vielfalt kleiner tiefer Töne der Strömung, die an der Felsinsel vorbeigleitet und auf tausend kleineren Steinen im Farnkanal glitzert! All dies ist eingeschlossen; jeder dieser Einflüsse wirkt auf kurze Distanz, als ob man sich in einem stillen Raum befände. Der Ort schien heilig, und man konnte hoffen, Gott zu sehen.

Nach Einbruch der Dunkelheit, als das Lager zur Ruhe kam, tastete ich mich zurück zum Altarfelsen und verbrachte die Nacht darauf – über dem Wasser, unter den Blättern und Sternen – alles noch eindrucksvoller als am Tage, der Wasserfall war schwach weiß und sang mit feierlicher Begeisterung das alte Liebeslied der Natur, während die Sterne, die durch das Blätterdach lugten, in das Lied des weißen Wassers einzustimmen schienen. Kostbare Nacht, kostbarer Tag, der für immer in mir verweilen soll. Gott sei Dank für dieses unsterbliche Geschenk.

15. Juni . Ein weiterer erfrischender Morgen. Die Sonnenstrahlen strömen die langen Berghänge hinab, vergolden die erwachenden Kiefern, erheitern jede Nadel und erfüllen jedes Lebewesen mit Freude. In den Erlen- und Ahornhainen singen Rotkehlchen, dasselbe alte Lied, das zahllose Jahreszeiten auf fast unserem gesamten gesegneten Kontinent erheitert und versüßt hat. In dieser Bergsenke scheinen sie sich ebenso wohlzufühlen wie in den Obstgärten der Bauern. Auch Bullock-Pirol und Louisiana-Tangare sind hier, zusammen mit vielen Waldsängern und anderen kleinen Berg-Troubadouren, von denen die meisten jetzt mit ihren Nestern beschäftigt sind.

Entdeckte ein weiteres prächtiges Exemplar der Goldcup-Eiche mit einem Durchmesser von sechs Fuß, eine Douglas-Fichte mit sieben Fuß und eine Schlinglilie (*Stropholirion*) mit einem acht Fuß langen Stiel und sechzig rosafarbenen Blüten.

ZUCKERKIEFER

Die Zapfen der Zuckerkiefer sind zylindrisch, am Ende leicht verjüngt und an der Basis abgerundet. Heute wurde einer gefunden, der fast 60 cm lang und 15 cm im Durchmesser ist, die Schuppen sind offen. Ein weiteres Exemplar ist 42 cm lang; die durchschnittliche Länge ausgewachsener

Zapfen an günstig gelegenen Bäumen beträgt fast 45 cm. Am unteren Rand des Gürtels in einer Höhe von etwa 800 Metern über dem Meeresspiegel sind sie kleiner, etwa 30 bis 48 cm lang, und in einer Höhe von 2.100 Metern oder mehr nahe der oberen Wachstumsgrenze im Yosemite-Gebiet sind sie etwa gleich groß. Dieser edle Baum ist ein unerschöpfliches Studienobjekt und eine Quelle der Freude. Ich werde nie müde, seine großen Zapfen mit Quasten zu bestaunen, seinen perfekt runden Stamm von 30 Metern oder mehr ohne Ast, die schöne violette Farbe seiner Rinde und seine prächtigen, nach außen geschwungenen, nach unten gebogenen, federähnlichen Arme, die eine Krone bilden, die immer kühn, beeindruckend und berauschend ist. In Wuchs und allgemeiner Haltung sieht er ein wenig wie eine Palme aus, aber keine Palme, die ich bisher gesehen habe, zeigt eine so majestätische Form und ein so majestätisches Verhalten, weder wenn sie still und nachdenklich im Sonnenschein steht, noch wenn sie hellwach im Sturmwind weht und jede Nadel zittert. In jungen Jahren ist er wie die meisten anderen Nadelbäume sehr gerade und regelmäßig geformt, aber im Alter von fünfzig bis einhundert Jahren beginnt er, seine Individualität zu entwickeln, so dass keine zwei Bäume in ihrer Blüte oder im hohen Alter gleich sind. Jeder Baum verdient besondere Bewunderung. Ich habe viele Skizzen angefertigt und bedauere, dass ich nicht jede Nadel zeichnen kann. Er soll eine Höhe von dreihundert Fuß erreichen, obwohl die höchste, die ich gemessen habe, weniger als sechzig Fuß oder mehr misst. Der Durchmesser des größten Baums in Bodennähe beträgt etwa zehn Fuß, obwohl ich von zwölf oder sogar fünfzehn Fuß Dicke gehört habe. Der Durchmesser ist sehr hoch, die Verjüngung ist fast unmerklich allmählich. Sein Begleiter, die Gelbkiefer, ist fast genauso groß. Das lange, silbrige Laub der jüngeren Exemplare bildet prächtige zylindrische Büschel an den Spitzentrieben und den Enden der nach oben gebogenen Zweige, und wenn der Wind die Nadeln in einem bestimmten Winkel in eine Richtung bewegt, wird jeder Baum zu einem Turm aus weißem, zitterndem Sonnenfeuer. Diese leuchtende Art kann durchaus als Silberkiefer bezeichnet werden . Die Nadeln sind manchmal über einen Fuß lang, fast so lang wie die der Langblattkiefer von Florida. Aber obwohl die Gelbkiefer in ihrer Größe der Zuckerkiefer fast gleichkommt und sie in ihrer robusten, ausdauernden Stärke zu übertreffen scheint, ist sie in ihrer allgemeinen Wuchsform und ihrem Ausdruck mit ihrer regelmäßigen, konventionellen Spitze und ihren verhältnismäßig kleinen, steif zwischen den Nadeln angeordneten Zapfen weit weniger ausgeprägt. Gäbe es keine Zuckerkiefer, dann wäre diese die Königin der achtzig oder neunzig Arten der Welt, die strahlendste der strahlenden, wehenden, anbetenden Menge. Wären sie bloße mechanische Skulpturen, was für edle Objekte wären sie immer noch! Wie viel pulsierender, aufregender, überfließender, voller Leben in jeder Faser und Zelle sind die großen, leuchtenden Silberstäbe – die wahren Götter des Pflanzenreichs, die ihr erhabenes Jahrhundertleben im Angesicht des Himmels leben, beobachtet, geliebt und bewundert von Generation zu Generation! Und wie viele andere strahlende, harzige Sonnenbäume gibt es hier und höher – Libocedrus, Douglasien, Weißtannen, Mammutbäume. Wie reich ist unser Erbe in diesen gesegneten Bergen, die Baumweiden, auf die unsere Augen gerichtet sind!

Jetzt geht die Sonne unter. Der Westen ist in eine Farbenpracht gehüllt, die alles verwandelt. Weit oben auf dem Pilot Peak Ridge stehen die strahlenden Bäume still und nachdenklich da und empfangen die Gute Nacht der Sonne, ein so feierlicher und eindrucksvoller Abschied, als ob Sonne und Bäume sich nie mehr begegnen würden. Das Tageslicht schwindet, der Zauber der Farben ist gebrochen und der Wald atmet frei in der Nachtbrise unter den Sternen.

16. Juni. Einer der Indianer aus Brown's Flat gelangte heute Morgen unbemerkt mitten ins Lager. Ich saß auf einem Stein und sah meine Notizen und Skizzen durch. Als ich zufällig aufsah, war ich überrascht, ihn nur wenige Schritte von mir entfernt grimmig und stumm stehen zu sehen, so bewegungslos und wettergegerbt wie ein alter Baumstumpf, der dort seit Jahrhunderten gestanden hatte. Alle Indianer scheinen diese wunderbare Art des ungesehenen Gehens erlernt zu haben – sich unsichtbar zu machen wie gewisse Spinnen, die ich hier beobachtet habe. Im Falle eines Schreckens, beispielsweise durch einen Vogel, der auf dem Busch landet, auf dem ihre Netze ausgebreitet sind, hüpfen sie sofort so schnell auf ihren elastischen Fäden auf und ab, dass nur ein verschwommener Fleck zu sehen ist. Die wilde Fähigkeit der Indianer, der Beobachtung zu entgehen, selbst wenn es wenig oder gar keine Deckung gibt, in der man sich verstecken könnte, wurde wahrscheinlich langsam in harten Jagd- und Kampfstunden erworben, während man versuchte, sich dem Wild zu nähern, Feinde zu überraschen oder sich in Sicherheit zu bringen, wenn man zum Rückzug gezwungen wurde. Und diese über viele Generationen weitergegebene Erfahrung scheint schließlich zu dem geworden zu sein, was man vage als Instinkt bezeichnet.

Wie glatt und unveränderlich scheint die Oberfläche der Berge um uns herum zu sein! Außerhalb der Weide der Schafe findet man kaum Spuren, außer auf kleinen offenen Stellen an den Ufern der Flüsse oder dort, wo der Waldteppich dünn oder gar nicht vorhanden ist. Auf den glattesten dieser offenen Streifen und Flecken sind Hirschspuren und die großen, andeutenden Fußabdrücke von Bären zu sehen, die, zusammen mit denen der vielen kleinen Tiere, selten genug sind, um als eine Art leichte Zierstickerei oder Stickerei zu gelten. Entlang der Hauptkämme und größeren Flussarme kann man Indianerpfade verfolgen, aber sie sind bei weitem nicht so deutlich, wie man sie erwarten würde. Wie viele

Jahrhunderte Indianer diese Wälder durchstreift haben, weiß niemand, wahrscheinlich sehr viele, und zwar weit über die Zeit hinaus, als Kolumbus unsere Küsten erreichte, und es scheint seltsam, dass keine stärkeren Spuren hinterlassen wurden. Die Indianer gehen behutsam vor und schädigen die Landschaft kaum mehr als Vögel und Eichhörnchen, und ihre Hütten aus Reisig und Rinde halten kaum länger als die der Waldratten, während ihre dauerhafteren Monumente – mit Ausnahme jener, die den Wäldern durch die Brände, die sie zur Verbesserung ihrer Jagdgründe legten, zugefügt wurden – innerhalb weniger Jahrhunderte verschwinden.

Wie anders sind die meisten der weißen Männer, besonders in der unteren Goldregion – Straßen, die in den Fels gesprengt wurden, wilde Bäche, die gestaut und gezähmt und aus ihren Kanälen herausgeleitet und an den Seiten von Schluchten und Tälern entlanggeführt wurden, um wie Sklaven in den Minen zu arbeiten . Sie überqueren von Grat zu Grat, hoch in der Luft, auf langen, rittlings liegenden Gerüsten, als ob sie auf Stelzen fließen würden, oder hinab und her über Täler und Hügel, gefangen in Eisenrohren, um Hügel und Meilen der Haut der Bergwand zu treffen und wegzuspülen, jede Goldrinne und -ebene zu durchlöchern und freizulegen. Dies sind die Spuren des weißen Mannes, die in ein paar fieberhaften Jahren hinterlassen wurden, ganz zu schweigen von Mühlen, Feldern und Dörfern, die Hunderte von Meilen entlang der Flanke der Bergkette verstreut sind. Lange wird es dauern, bis diese Spuren ausgelöscht sind, obwohl die Natur tut, was sie kann, neu pflanzt, gärtnert, alte Dämme und Rinnen wegfegt, Kies- und Felshaufen einebnet und geduldig versucht, jede rohe Narbe zu heilen. Der große Goldsturm ist vorüber. Die alten, grauen Bergleute sind ziemlich ruhig und kämpfen hier und da in Abraumgruben um ihr Überleben. Donnernde unterirdische Sprengungen speisen noch immer die hämmernden Quarzmühlen, aber ihr Einfluss auf die Landschaft ist gering im Vergleich zu den Spitzhacken- und Schaufelstürmen vor ein paar Jahren. Zum Glück für die Landschaft der Sierra sind die goldhaltigen Schiefer größtenteils auf die Vorgebirge beschränkt. Die Gegend um unser Lager ist noch wild, und höher liegt der Schnee, der so spurlos ist wie der Himmel.

Gestern bildeten sich nur ein paar Hügel und Wolkenkuppeln, heute gar keine. Das Licht ist eigenartig weiß und dünn, aber angenehm warm. Die Ruhe dieses Bergwetters im Frühling, wenn der Puls der Natur am stärksten schlägt, ist einer seiner größten Reize. Nachts weht nur eine mäßige Brise von den Gipfeln der Bergkette, und tagsüber weht ein leichter Hauch vom Meer und den Hügeln und Ebenen des Tieflandes, oder es herrscht so vollkommene Stille, dass sich kein Blatt regt. Die Bäume hier in der Gegend haben nur wenig Windgeschichte zu erzählen.

Schafe sind, wie Menschen, unbeherrschbar, wenn sie hungrig sind. Abgesehen von meinen bewachten Liliengärten wurde fast jedes Blatt, das diese Heuschrecken mit Hufen im Umkreis von ein oder zwei Meilen vom Lager erreichen konnten, gefressen. Sogar die Büsche sind kahl, und trotz Hunden und Hirten zerstreuen sich die Schafe in alle Himmelsrichtungen und verschwinden im Staub. Ich fürchte, einige sind verloren gegangen, denn eines der sechzehn schwarzen fehlt.

17. Juni. Habe heute Morgen die Wollbündel gezählt, als sie durch das schmale Tor des Korrals hüpften. Ungefähr dreihundert fehlen, und da der Hirte sie nicht suchen konnte, musste ich gehen. Ich band mir eine Brotkruste an den Gürtel und machte mich mit Carlo auf den Weg zu den oberen Hängen des Pilot Peak Ridge und hatte einen guten Tag, trotz der Mühe, die dummen Ausreißer zu suchen. Ich ging Wolle holen und kam nicht geschoren zurück. Ein eigenartiges Licht kreiste um den Horizont, weiß und dünn wie das, das man oft über der Polarlichtkorona sieht, und verschmolz mit dem Blau des oberen Himmels. Die einzigen Wolken waren ein paar schwache, seidigen Striche wie gekämmte Seide. Ich drängte direkt an die Grenze des üblichen Verbreitungsgebiets der Herde und darum herum, bis ich die ausgehende Spur der Wanderer fand. Sie führte weit den Grat hinauf in einen offenen Ort, der von einem heckenartigen Bewuchs aus Ceanothus-Chaparral umgeben war. Carlo wusste, was ich vorhatte, und folgte eifrig der Spur, bis wir zu ihnen kamen, die sich in einem schüchternen, stummen Haufen zusammengekauert hatten. Sie waren offensichtlich die ganze Nacht und den ganzen Vormittag hier gewesen und hatten sich nicht getraut, hinauszugehen, um zu fressen. Da sie der Gefangenschaft entflohen waren, hatten sie, wie einige Leute, die wir kennen, Angst vor ihrer Freiheit, wussten nicht, was sie damit anfangen sollten, und schienen froh, wieder in die alte, vertraute Knechtschaft zurückzukehren.

18. Juni. Ein weiterer inspirierender Morgen, nichts Besseres kann man sich auf der Welt vorstellen. Keine Beschreibung des Himmels, die ich je gehört oder gelesen habe, scheint auch nur halb so schön. Mittags bedeckten die Wolken etwa 0,05 Zoll des Himmels, weiße, hauchdünne Striche zeichneten sich zart auf das Azurblau.

Die hohen Bergrücken und Hügelkuppen hinter den Wollheuschrecken sind jetzt bunt mit Monardella, Clarkia, Mädchenaugen und hohen Büschelgräsern bewachsen, von denen einige so hoch sind, dass sie sich wie Kiefern wiegen. Die Lupinen, von denen es viele schwer zu definierende Arten gibt, haben jetzt größtenteils keine Blüten mehr, und viele der Korbblütler beginnen zu verwelken, ihre strahlenden Blütenkronen verschwinden in flauschigem Pappus wie Sterne im Nebel.

Wir hatten heute einen weiteren Besucher aus Brown's Flat, eine alte Indianerin mit einem Korb auf dem Rücken. Wie unser erster Besucher aus dem Dorf kam sie ziemlich weit ins Lager und stand gut sichtbar da, als sie entdeckt wurde. Wie lange sie ruhig zugesehen hatte, kann ich nicht sagen. Selbst die Hunde bemerkten ihr heimliches Herannahen nicht. Ich nehme an, sie war auf dem Weg zu einem wilden Garten, wahrscheinlich um Lupinen und stärkehaltige Steinbrechblätter und Wurzelstöcke zu holen. Ihr Kleid bestand aus Kattunfetzen und war alles andere als sauber. In jeder Hinsicht schien sie den ordentlichen, gut gekleideten Tieren der Natur ganz unähnlich, obwohl sie wie diese von den Gaben der Wildnis lebte. Seltsam, dass nur die Menschheit schmutzig ist. Wäre sie in Pelz oder aus Gras oder zerfetzter Rinde gewebtes Tuch gekleidet gewesen, wie die Matten aus Wacholder und Libocedrus, dann hätte sie als rechtmäßiger Teil der Wildnis gewirkt; wie zumindest ein guter Wolf oder Bär. Aber von keinem Standpunkt aus, den ich gefunden habe, sind derart verkommene Mitmenschen auch nur im Geringsten natürlicher als die auffällig gekleideten Touristen, die wir gesehen haben und die Vögel und Eichhörnchen erschreckt haben.

19. Juni . Den ganzen Tag reiner Sonnenschein. Wie schön wird ein Fels durch die Schatten der Blätter! Die Schatten der Virginia-Eiche sind besonders klar und deutlich und übertreffen alle Kunst in Anmut und Zartheit, mal still, als ob sie auf Stein gemalt wären, mal sanft gleitend, als ob sie Angst vor Lärm hätten, mal tanzend, in schnellen, fröhlichen Wirbeln Walzer tanzend oder in schnellen Sprüngen auf sonnige Felsen springend und wieder herunter wie Wellenstickereien auf Klippen am Meeresufer. Wie wahrhaftig und substanziell ist diese Schattenschönheit und mit welcher erhabenen Extravaganz wird die Schönheit so vervielfacht! Die großen orangefarbenen Lilien sind jetzt in all ihrer Pracht aus Blättern und Blüten gekleidet. Edle Pflanzen, in perfekter Gesundheit, Lieblinge der Natur.

20. Juni. Einige der dummen Schafe hatten sich heute Morgen in einem Gewirr von Chaparral verfangen, wie Fliegen in einem Spinnennetz, und mussten herausgeholfen werden. Carlo fand sie und versuchte, sie auf dem einfachsten Weg aus der Falle zu vertreiben. Wie viel intelligenter sind die Schafe! Kein Freund und Helfer kann liebevoller und zuverlässiger sein als Carlo. Der edle Bernhardiner ist eine Ehre für seine Rasse.

Die Luft duftet deutlich nach Balsam, Harz und Minze – jeder Atemzug ist ein Geschenk, für das wir Gott danken können. Wer hätte je gedacht, dass eine so raue Wildnis dennoch so schön und voller guter Dinge sein kann. Man hat das Gefühl, sich in einem majestätischen Kuppelzelt zu befinden, in dem ein großartiges Theaterstück mit Kulissen, Musik und Weihrauch aufgeführt wird – all die Möbel und das Geschehen sind so interessant, dass wir nicht Gefahr laufen, einen einzigen langweiligen Moment ertragen zu müssen. Gott selbst scheint hier immer sein Bestes zu geben und wie ein Mann in glühender Begeisterung zu arbeiten.

21. Juni. Ich schlenderte am Flussufer entlang zu meinem Liliengarten. Die vollkommene Schönheit dieser Lilien der Wildnis ist eine nie versiegende Quelle der Bewunderung und des Staunens. Ihre Rhizome sind in schwarzem Schimmel eingebettet, der sich in den Vertiefungen der metamorphen Schiefer neben den Teichen angesammelt hat, wo sie gut bewässert werden, ohne der Einwirkung von Überschwemmungen ausgesetzt zu sein. Jedes Blatt in den ebenen Windungen um die hohen polierten Stiele ist so fein gearbeitet wie die Blütenblätter, und das für sie erforderliche Licht und die Wärme werden für sie bemessen und gemildert, wenn sie durch die Zweige der überhängenden Bäume dringen. Wie stark die Winde der Mittagsregen auch sein mögen, sie sind sicher geschützt. Wunderschöne Hypnum-Teppiche, gesäumt von Farnen, sind unter ihnen ausgebreitet, auch Veilchen und ein paar Gänseblümchen. Alles um sie herum ist süß und frisch wie sie selbst.

Heute ist Cloudland nur ein einsamer weißer Berg; aber es ist so reich an Sonnenschein und Schatten, dass die Farbtöne auf seinem großen gewölbten Gipfel und den wölbigen, hervorstehenden Bergrücken sowie in den Mulden und Schluchten dazwischen unbeschreiblich schön sind.

22. Juni. Ungewöhnlich bewölkt. Neben den periodisch auftretenden, regenbringenden Cumuli gibt es am Himmel eine dünne, diffuse, nebelartige Wolke. Insgesamt etwa 0,75.

23. Juni. Oh, diese weiten, ruhigen, grenzenlosen Bergtage, die zugleich zum Arbeiten und Ausruhen anregen! Tage, in deren Licht alles gleichermaßen göttlich erscheint und die tausend Fenster öffnen, um uns Gott zu zeigen. Niemals, wie müde auch immer, sollte jemand, der die Segnungen eines Bergtages erlangt, unterwegs ohnmächtig werden; was auch immer sein Schicksal sein mag, langes Leben, kurzes Leben, stürmisch oder ruhig, er ist für immer reich.

24. Juni. Unsere gewohnte Portion Wolken und Donner. Hirte Billy steckt wegen der Schafe in großer Not; er erklärt, sie seien von der Erfindung des Hammelfleischs und der Wolle bis zur letzten Ladung mehr vom Bösen besessen als jede andere Herde. Egal, wie viele fehlen, er werde keinen Schritt tun, um sie zu suchen, denn, so argumentiert er, wenn er einen Wanderer zurückholen würde, würde er wahrscheinlich zehn verlieren. Deshalb muss die Jagd auf Ausreißer Carlos und mir überlassen werden. Billys kleiner Hund Jack macht auch Ärger, indem er jede Nacht das Lager verlässt, um seine Nachbarn oben auf dem Berg bei Brown's Flat zu besuchen. Er ist ein gewöhnlich aussehender Köter ohne besondere Rasse, aber ungeheuer unternehmungslustig in Liebe und Krieg. Er hat alle Seile und Lederriemen durchgeschnitten, mit denen er festgebunden war, bis sein Herr ihn in seiner Verzweiflung, nachdem er immer wieder den mit Sträuchern bewachsenen

Berg erklommen hatte, um ihn zurückzuzerren, mit einer Stange festband, die an einem Ende an seinem Halsband unter seinem Kinn befestigt war, und am anderen an einem kräftigen jungen Baum. Aber die Stange bot eine gute Hebelwirkung, und durch das ständige Drehen während der Nacht wurde die Befestigung am Ende des jungen Baumes abgerieben, und er machte sich auf seine übliche Reise, schleppte die Stange durch das Unterholz und erreichte sicher die Indianersiedlung. Sein Herr folgte ihm, ohne Rücksicht zu nehmen, verprügelte ihn und schwor in bösen Worten, dass er am nächsten Abend „diesem vernarrten Welpen eins auswischen" würde, indem er ihn gnadenlos an den schweren gusseisernen Deckel unseres Schmortopfes band, der etwa so viel wog wie der Hund. Er war direkt unter dem Kinn mit seinem Halsband verbunden, so dass der arme Kerl sich scheinbar nicht rühren konnte. Er stand ganz entmutigt da, bis es dunkel war, und konnte sich nicht umsehen oder sich auch nur hinlegen, es sei denn, er streckte sich mit den Vorderpfoten über den Deckel und mit dem Kopf dicht zwischen den Pfoten aus. Vor dem Morgen hörte man Jack jedoch weit oben auf der Höhe „Excelsior" heulen, trotz des gusseisernen Ankers. Er muss aufrecht auf seinen Hinterbeinen gelaufen oder vielmehr geklettert sein und den schweren Deckel wie einen Schild an seine Brust gedrückt haben, eine furchterregende, eisenharte Stellung, in der er seinen Rivalen gegenübertreten konnte. In der nächsten Nacht wurden Hund, Topfdeckel und alles andere in einen alten Bohnensack gebunden, und so errang der wütende Billy schließlich den Sieg. Kurz bevor er das Haus verließ, wurde Jack von einer Klapperschlange in den Unterkiefer gebissen, und ungefähr eine Woche lang waren sein Kopf und Hals auf mehr als das Doppelte seiner normalen Größe angeschwollen; dennoch lief er so munter und lebhaft wie immer herum und ist jetzt vollständig genesen. Die einzige Behandlung, die er bekam, war frische Milch – ein oder zwei Gallonen auf einmal, die ihm mit Gewalt in seine wunde, vergiftete Kehle geschüttet wurden.

25. Juni. Obwohl es nur ein Schaflager ist, ist diese großartige Bergsenke mein Zuhause, mein süßes Zuhause, das jeden Tag süßer wird, und es wird mir schwerfallen, es zu verlassen. Die Liliengärten sind noch sicher vor der trampelnden Herde. Die armen, staubigen, zerlumpten, hungernden Geschöpfe tun mir von Herzen leid. Viele Meilen müssen sie jeden Tag zurücklegen, um ihre fünfzehn oder zwanzig Tonnen Chaparral und Gras einzusammeln.

26. Juni. Nuttalls blühender Hartriegel ist ein schöner Anblick, wenn er blüht. Der ganze Baum ist dann schneeweiß. Die Hüllblätter sind 15 bis 20 cm breit. An den Flüssen ist er ein stattlicher Baum, der neun bis fünfzehn Meter hoch ist und eine breite Krone hat, wenn er nicht von Artgenossen bedrängt wird. Seine auffälligen Hüllblätter ziehen eine Menge Motten, Schmetterlinge und andere geflügelte Tiere an, zu ihrem eigenen und, wie ich annehme, zum Vorteil des Baumes. Er mag reichlich kühles Wasser und ist ein großer Trinker wie Erlen, Weiden und Pappeln und gedeiht am besten an Flussufern, obwohl er oft weit weg von den Flüssen in feuchte, schattige Täler unter den Kiefern wandert, wo er viel kleiner ist. Wenn die Blätter im Herbst reifen, werden sie schöner als die Blüten und zeigen bezaubernde Rot-, Purpur- und Lavendeltöne. Eine andere Art wächst in Hülle und Fülle als Chaparral-Strauch an den schattigen Seiten der Hügel, wahrscheinlich *Cornus sessilis* . Die Blätter werden von den Schafen gefressen. – In der Ferne habe ich ein paar Blitzeinschläge mit grollendem, murmelndem Nachhall gehört.

27. Juni. Die Schnabelhasel (*Corylus rostrata* , var. *Californica*) ist auf kühlen Hängen bis zum Gipfel des Pilot Peak Ridge weit verbreitet. Die Hasel hat etwas besonders Anziehendes, wie die Eichen und Heiden der kühlen Länder unserer Vorfahren, und durch sie wurde, so nehme ich an, unsere Liebe zu diesen Pflanzen weitergegeben. Diese Art wird vier bis fünf Fuß hoch, die Blätter sind weich und haarig, angenehm anzufassen, und die köstlichen Nüsse werden von Indianern und Eichhörnchen eifrig gesammelt. Der Himmel ist wie üblich mit weißen Mittagswolken geschmückt.

28. Juni. Warmer, milder Sommer. Die glühenden Sonnenstrahlen lassen jeden Nerv kribbeln. Die neuen Nadeln der Kiefern und Tannen sind fast ausgewachsen und glänzen herrlich. Eidechsen schimmern auf den heißen Felsen herum; einige, die in der Nähe des Lagers leben, sind mehr als halb zahm. Sie scheinen jede unserer Bewegungen aufmerksam zu beobachten, als ob sie neugierig sind und einfach ohne Verdacht auf Schaden zuschauen, drehen ihre Köpfe, um zurückzuschauen, und machen eine Vielzahl hübscher Gesten. Sanfte, arglose Geschöpfe mit wunderschönen Augen, ich werde sie nur ungern zurücklassen, wenn wir das Lager verlassen.

29. Juni. Ich habe die Bekanntschaft eines sehr interessanten kleinen Vogels gemacht, der an den Wasserfällen und Stromschnellen der Hauptarme des Flusses umherflattert. Er ist kein Wasservogel, obwohl er im Wasser lebt und die Flüsse nie verlässt. Er hat keine Schwimmfüße, taucht aber furchtlos in tiefe, wirbelnde Stromschnellen, offensichtlich um am Boden zu fressen, und benutzt seine Flügel, um unter Wasser zu schwimmen, genau wie Enten und Seetaucher. Manchmal watet er an seichten Stellen umher und taucht von Zeit zu Zeit seinen Kopf auf eine ruckartige, nickende, muntere Art unter, die sicher Aufmerksamkeit erregt. Er ist etwa so groß wie ein Rotkehlchen, hat kurze, knackige Flügel, die zum Fliegen im Wasser oder in der Luft geeignet sind, und einen mittelgroßen, nach oben geneigten Schwanz, der ihm mit seinem nickenden, wippenden Verhalten ein schnörkelloses Aussehen verleiht. Seine Farbe ist schlicht bläulich-aschfarben mit einem

Hauch von Braun auf Kopf und Schultern. Es fliegt von Fall zu Fall, schnell zu schnell, mit einem kräftigen Surren der Flügelschläge wie bei einer Wachtel, folgt den Windungen des Flusses und landet normalerweise auf einem Felsen, der aus der Strömung ragt, oder auf einem umgestürzten Baumstumpf, oder selten auf dem trockenen Ast eines überhängenden Baumes, und lässt sich wie normale Baumvögel nieder, wenn es ihm passt. Es hat die seltsamsten, zierlichsten Manieren, die man sich vorstellen kann; und der kleine Kerl kann auch singen, ein süßes, drosselartiges, flötenartiges Lied, ziemlich tief, nicht im Geringsten ausgelassen und viel weniger schrill und akzentuiert, als man es aufgrund seiner lebhaften Lebhaftigkeit erwarten würde. Was für ein romantisches Leben dieser kleine Vogel an den schönsten Teilen der Flüsse führt, in einem angenehmen Klima mit Schatten und kühlem Wasser und Gischt, um die Sommerhitze zu mildern. Kein Wunder, dass er ein guter Sänger ist, wenn man die Bachgesänge bedenkt, die er Tag und Nacht hört. Jeder Atemzug des kleinen Dichters ist Teil eines Liedes, denn die ganze Luft um die Stromschnellen und Wasserfälle herum wird zu Musik verarbeitet, und seine ersten Lektionen müssen beginnen, bevor er durch das Zittern und Zittern der Eier im Einklang mit den Tönen der Wasserfälle geboren wird. Ich habe sein Nest noch nicht gefunden, aber es muss in der Nähe der Flüsse sein, denn es verlässt sie nie.

30. Juni. Halb bewölkt, halb sonnig, strahlend weiße Wolken. Die hohen Kiefern, die sich entlang der Spitze des Pilot Peak Ridge drängen, sehen aus wie 15 cm große Miniaturen, die sich vor dem seidigen Himmel abzeichnen. Durchschnittliche Bewölkung für den Tag etwa 0,25. Kein Regen. Und so endet dieser denkwürdige Monat, ein Strom unermesslicher Schönheit, der durch die Arithmetik des Almanachs ebenso wenig unterteilt werden kann wie das Strahlen der Sonne oder die Strömungen der Meere und Flüsse – ein friedlicher, freudiger Strom der Schönheit. Jeden Morgen, wenn sie aus dem Todesschlaf erwachen, scheinen die glücklichen Pflanzen und alle unsere tierischen Mitgeschöpfe, ob groß oder klein, und sogar die Felsen zu rufen: „Wach auf, wach auf, freue dich, freue dich, komm, liebe uns und stimme in unser Lied ein. Komm! Komm!" Wenn ich durch die Stille und die romantische, bezaubernde Schönheit und den Frieden des Lagerhains zurückblicke, scheint mir dieser Juni der großartigste aller Monate meines Lebens zu sein, der wahrhaftigste, göttlich freieste, grenzenloseste wie die Ewigkeit, unsterblichste. Alles darin scheint gleichermaßen göttlich – ein sanftes, reines, wildes Glühen himmlischer Liebe, das weder durch die Vergangenheit noch durch die Zukunft getrübt oder getrübt werden kann.

1. Juli. Der Sommer ist reif. Scharen von Samen haben bereits ihre Schalen verlassen und suchen sich ihren vorbestimmten Platz. Einige werden Wurzeln schlagen und neben ihren Eltern aufwachsen, andere fliegen auf den Flügeln des Windes weit weg von ihnen, unter Fremden. Die meisten

Jungvögel haben bereits ihr Federkleid und sind aus ihren Nestern heraus, werden aber noch von Vater und Mutter versorgt, beschützt und gefüttert und bis zu einem gewissen Grad erzogen. Wie schön ist das Leben der Vögel zu Hause! Kein Wunder, dass wir sie alle lieben.

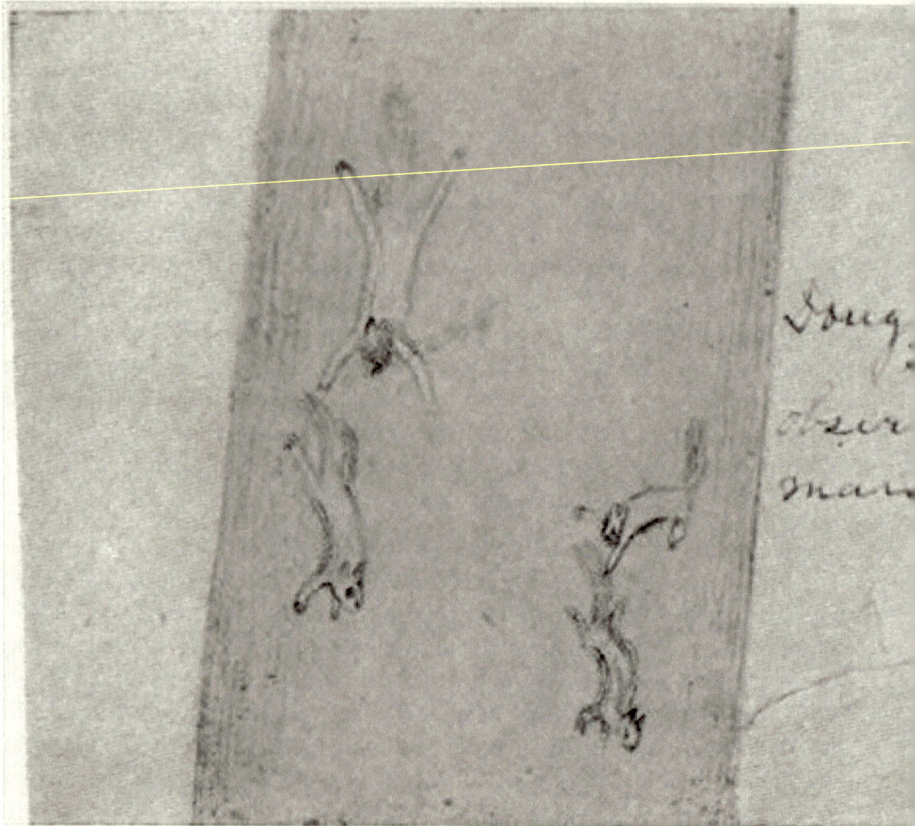

DOUGLAS EICHHÖRNCHEN BEOBACHTET BRUDER MANN

Ich beobachte gern die Eichhörnchen. Es gibt hier zwei Arten, das große Kalifornische Graue und das Douglas-Eichhörnchen. Letzteres ist das schillerndste aller Eichhörnchen, die ich je gesehen habe, ein heißer Lebensfunke, der mit seinen stacheligen Zehen jeden Baum zum Kribbeln bringt, ein konzentrierter Klumpen frischer Bergkraft und Tapferkeit, so frei von Krankheiten wie ein Sonnenstrahl. Man kann sich nicht vorstellen, dass ein solches Tier jemals müde oder krank ist. Es scheint zu glauben, dass die Berge ihm gehören, und versuchte zunächst, die ganze Schafherde sowie den Hirten und die Hunde zu vertreiben. Wie es schimpft und was für Gesichter es macht, nur Augen, Zähne und Schnurrhaare! Wäre es nicht so lächerlich klein, wäre es in der Tat ein schrecklicher Kerl. Ich würde gerne mehr über seine Erziehung erfahren, sein Leben im heimischen Astloch sowie in den Baumkronen, zu allen Jahreszeiten. Seltsam, dass ich noch kein Nest voller Junge gefunden habe. Die Douglasie ist eng mit dem Eichhörnchen der Atlantikhänge verwandt und dürfte über die großen, unberührten Wälder des Nordens auf diese Seite des Kontinents gelangt sein.

Der Kalifornische Graue ist einer der schönsten und neben dem Douglas der interessanteste unserer haarigen Nachbarn. Verglichen mit dem Douglas ist er doppelt so groß, aber weit weniger lebhaft und einflussreich als Arbeiter im Wald, und er schafft es, sich mit weniger Aufregung durch Blätter und Zweige zu bewegen als sein kleiner Bruder. Ich habe ihn nie etwas anbellen hören, außer unseren Hunden. Auf der Suche nach Nahrung gleitet er lautlos von Ast zu Ast und untersucht die Zapfen des letzten Jahres, um zu sehen, ob nicht ein paar Samen zwischen den Schuppen zurückgeblieben sind, oder sammelt abgefallene Samen zwischen den Blättern auf dem Boden auf, da noch keine der Ernten der laufenden Saison verfügbar sind. Sein Schwanz schwebt mal hinter ihm, mal über ihm, gerade oder anmutig gekräuselt wie ein Hauch einer Zirruswolke, jedes Haar an seinem Platz, sauber und glänzend und strahlend wie Distelflaum trotz der groben, klebrigen Arbeit. Sein ganzer Körper scheint ungefähr so körperlos wie sein Schwanz. Der kleine Douglas ist feurig, pfeffrig, voller Prahlerei, Kampfgeist und Schaustellung, mit Bewegungen, die so schnell und scharf sind, dass sie den Betrachter fast stechen, und die Harlekin-Kreisel-Show, die er von sich gibt, macht einen schwindlig. Der Graue ist scheu und bewegt sich oft verstohlen, als ob er in jedem Baum und Busch und hinter jedem Baumstamm einen Feind erwartet, und wünscht sich anscheinend nur, in Ruhe gelassen zu werden, und zeigt keinen Wunsch, gesehen, bewundert oder gefürchtet zu werden. Die Indianer jagen diese Art als Nahrung, ein guter Grund zur Vorsicht, ganz zu schweigen von anderen Feinden – Falken, Schlangen, Wildkatzen. In Wäldern, in denen es reichlich Nahrung gibt, bahnen sie sich Pfade durch schützendes Dickicht und über niederliegende Bäume zu einem Lieblingsteich, aus dem sie bei heißem und trockenem Wetter jeden Tag fast zur gleichen Stunde trinken. Diese Teiche werden angeblich genau beobachtet, besonders von den Jungen, die mit Pfeil und Bogen auf der Lauer liegen und ohne Lärm töten. Aber trotz der Feinde sind Eichhörnchen glückliche Kerle, Lieblinge des Waldes, ein Musterbeispiel für unermüdliches Leben. Von allen wilden Tieren der Natur scheinen sie mir die wildesten zu sein. Mögen wir uns besser kennenlernen .

Der mit Chaparral bedeckte Berghang südlich des Lagers bietet nicht nur Nistplätze für zahllose muntere Vögel, sondern ist auch Heimat und Versteck der neugierigen Waldratte (*Neotoma*), eines hübschen, interessanten Tieres, das immer und überall Aufmerksamkeit erregt. Es ähnelt eher einem Eichhörnchen als einer Ratte, ist viel größer, hat feines, dickes, weiches Fell von bläulicher Schieferfarbe, weiß am Bauch; die Ohren sind groß, dünn und durchscheinend; die Augen sind weich, voll und feucht; die Krallen sind schlank und spitz wie Nadeln; und da es starke Gliedmaßen hat, kann es genauso gut klettern wie ein Eichhörnchen. Keine Ratte oder kein Eichhörnchen sieht so unschuldig aus, ist so leicht ansprechbar oder drückt so viel Vertrauen in die guten Absichten eines anderen aus. Es scheint zu schön für das dornige Dickicht, in dem es lebt, und auch seine Hütte ist so unähnlich wie nur möglich, obwohl sie innen sanft möbliert ist. Kein anderes tierisches Lebewesen dieser Berge baut so große und eindrucksvoll aussehende Häuser. Der Reisende, der plötzlich zum ersten Mal auf eine Gruppe von ihnen stößt, wird sie wahrscheinlich nicht vergessen. Sie sind aus allen möglichen Stöcken gebaut, aus alten, morschen Stücken, die man irgendwo aufgesammelt hat, und aus grünen, stacheligen Zweigen, die man aus den nächsten Büschen abgebissen hat, und das Ganze vermischt mit allerlei Kleinkram von allem, was sich bewegen lässt, wie Stückchen klumpiger Erde, Steine, Knochen, Hirschgeweih usw., die zu einer kegelförmigen Masse aufgestapelt sind, als ob sie zum Verbrennen bereit wäre. Einige dieser merkwürdigen Hütten sind sechs Fuß hoch und an der Basis ebenso breit, und ein Dutzend oder mehr von ihnen sind gelegentlich zusammen gruppiert, weniger vielleicht aus Gründen der Gesellschaft als wegen der Vorteile von Nahrung und Schutz. Der einsame Entdecker, der durch das dichte, zottige Dickicht eines einsamen Hügels kommt und zufällig in eines dieser seltsamen Dörfer gerät, ist über den Anblick überrascht und glaubt sich vielleicht in einer Indianersiedlung und beginnt sich zu fragen, wie er wohl empfangen wird. Aber er wird kein wildes Gesicht sehen, vielleicht nicht einen einzigen Bewohner, oder höchstens zwei oder drei, die auf ihren Wigwams sitzen, den Fremden mit den sanftesten aller wilden Augen ansehen und ihm erlauben, nahe heranzukommen. In der Mitte der groben, stacheligen Hütte ist ein weiches Nest gebaut, aus den inneren Fasern zu Werg zerkauter Rinde, und mit Federn und dem Flaum verschiedener Samen wie Weiden- und Seidenpflanzen ausgekleidet. Das zierliche Geschöpf in seinem stacheligen, dickwandigen Heim erinnert an eine zarte Blume in einer dornigen Hülle. Einige der Nester sind in Bäumen, neun oder zwölf Meter über dem Boden, oder sogar in Dachkammern gebaut, als suchten sie wie Schwalben und Hänflinge die Gesellschaft und den Schutz des Menschen, obwohl sie an die wildeste Einsamkeit gewöhnt sind. Unter Haushältern hat Neotoma den Ruf eines Diebes, weil er alles Transportierbare in seine seltsame Hütte mitnimmt – Messer, Gabeln, Kämme, Nägel, Blechbecher, Brillen usw. –, aber nur, um seine Befestigungen zu verstärken, nehme ich an. Seine Nahrung zu Hause ist, soweit ich weiß, fast dieselbe wie die der Eichhörnchen – Nüsse, Beeren,

Samen und manchmal die Rinde und zarten Triebe der verschiedenen Arten von Ceanothus.

2. Juli. Ein warmer, sonniger Tag, der Pflanzen, Tiere und Steine gleichermaßen in Aufregung versetzt, Saft und Blut schnell fließen lässt und jedes Teilchen der Kristallberge in fröhlicher Harmonie wie Sternenstaub pulsieren, wirbeln und tanzen lässt. Nirgendwo Stumpfheit sichtbar oder denkbar. Keine Stagnation, kein Tod. Alles in freudiger rhythmischer Bewegung im Puls des großen Herzens der Natur.

Perlenförmige Cumuli über den höheren Bergen – Wolken, nicht mit Silberstreifen, sondern ganz Silber. Die hellsten, klarsten, felsigsten Wolken, mit den unterschiedlichsten Formen und den schärfsten Umrissen, die ich je zu irgendeiner Jahreszeit in irgendeinem Land gesehen habe. Der tägliche Aufbau und Abbau dieser schneebedeckten Wolkenketten – der höchsten Sierra – ist für mich ein großes Wunder, und ich blicke mit immer neuer Bewunderung auf die gewaltigen weißen Kuppeln, die Meilen hoch sind. Aber inmitten dieser Himmels- und Bergereignisse zieht uns eine Ernährungsumstellung runter. Wir haben seit ein paar Tagen kein Brot mehr und beginnen, es mehr zu vermissen, als vernünftig erscheint, denn wir haben reichlich Fleisch, Zucker und Tee. Seltsam, dass wir uns in einer so reichen Wildnis so nahrungsarm fühlen. Die Indianer beschämen uns, ebenso die Eichhörnchen – stärkehaltige Wurzeln, Samen und Rinde in Hülle und Fülle, doch der Mangel an Mehl stört unser körperliches Gleichgewicht und bedroht unsere besten Genüsse.

3. Juli. Warm. Es weht gerade genug Wind, um durch die Wälder zu wehen und aus ihren tausend Quellen Duft zu verbreiten. Die Kiefern- und Tannenzapfen wachsen gut, Harz und Balsam tropfen von jedem Baum und die Samen reifen schnell, was eine gute Ernte verspricht. Die Eichhörnchen werden Brot haben. Sie fressen alle Arten von Nüssen lange bevor diese reif sind, und scheinen dennoch nie Magenprobleme zu haben.

KAPITEL III

Eine Brotknappheit

4. Juli. Die Luft jenseits des Weidelandes, erfüllt vom Duft des Waldes, wird von Tag zu Tag süßer und aromatischer, wie reifende Früchte.

Mr. Delaney wird bald mit einem neuen Vorrat an Lebensmitteln aus dem Tiefland erwartet, und da die Herde auf frische Weiden gebracht werden soll, werden wir alle gut versorgt sein. Inzwischen sind unsere Bohnen- und Mehlvorräte aufgebraucht – alles außer Hammelfleisch, Zucker und Tee. Der Schafhirte ist etwas demoralisiert und scheint sich kaum darum zu kümmern, was aus seiner Herde wird. Er sagt, da der Chef ihn nicht gefüttert hat, sei er nicht verpflichtet, die Schafe zu füttern, und schwört, dass kein anständiger Weißer diese steilen Berge nur mit Hammelfleisch erklimmen kann. „Für einen wirklich weißen Weißen ist das kein angemessenes Futter. Für Hunde, Kojoten und Indianer ist es anders. Gutes Futter, gute Schafe. Das sage ich." So lautete Billys Rede zum 4. Juli.

5. Juli. Die Mittagswolken über der hohen Sierra wirken von Tag zu Tag noch wunderbarer, unbeschreiblicher schön, je wacher man wird, um sie zu sehen. Der Rauch des Schießpulvers brannte gestern über den Niederungen, und die Beredsamkeit der Redner hat sich inzwischen wahrscheinlich gelegt oder ist verweht. Hier ist jeder Tag ein Feiertag, ein Jubel, der immer mit heiterer Begeisterung erklingt, ohne Abnutzung oder Verschwendung oder süßliche Müdigkeit. Alles ist in Jubelstimmung. Keine einzige Zelle oder Kristall bleibt unbesucht oder vergessen.

6. Juli. Mr. Delaney ist noch nicht angekommen, und die Brotknappheit ist groß. Wir müssen noch eine Weile Hammelfleisch essen, obwohl es schwer zu sein scheint, sich daran zu gewöhnen. Ich habe von texanischen Pionieren gehört, die monatelang ohne Brot oder Getreideprodukte auskommen mussten, ohne zu leiden, und stattdessen das Brustfleisch wilder Truthähne als Brot verwendeten. Davon gab es in der guten alten Zeit reichlich, als das Leben zwar als weniger sicher galt, aber um so weniger Sorgen gemacht wurde. Die Fallensteller und Pelzhändler der frühen Tage in den Rocky Mountains lebten monatelang von Bison- und Biberfleisch. Auch Lachsesser gibt es unter Indianern und Weißen, die wenig oder gar nicht unter dem Mangel an Brot zu leiden scheinen. Gerade in diesem Moment scheint Hammelfleisch das am wenigsten begehrte Nahrungsmittel zu sein, obwohl es von guter Qualität ist. Wir suchen uns die magersten Stücke heraus und schlucken sie gegen starken Ekel hinunter, was Übelkeit verursacht und den Versuch, das widerwärtige Zeug abzulehnen. Tee macht die Sache, wenn möglich, noch schlimmer. Der Magen beginnt, sich als unabhängiges Wesen mit eigenem Willen zu behaupten. Wir sollten Lupinenblätter, Klee, stärkehaltige Blattstiele und Steinbrechwurzelstöcke wie die Indianer kochen. Wir versuchen, unsere Magenprobleme zu ignorieren, stehen auf und schauen um uns, richten unsere Augen auf die Berge und klettern beharrlich durch Gestrüpp und Felsen ins Herz der Landschaft. Eine erstickende Ruhe kehrt ein, und die Pflichten und sogar die Freuden des Tages werden träge erledigt. Wir kauen ein paar Blätter Ceanothus zum Mittagessen und riechen oder kauen die würzige Monardella gegen die dumpfen Kopfschmerzen und Magenschmerzen, die mal nachlassen, mal wie Nebel auf uns herabsinken und in uns eindringen. Abends mehr Hammelfleisch, Fleisch an Fleisch, runter damit, nicht zu viel, und da sind die Sterne, die durch die Zedernfedern und -zweige über unseren Betten scheinen.

7. Juli. Heute Morgen bin ich ziemlich schwach und kränklich und brauche nur ein Stück Brot. Ich kann mich kaum auf meine besten Studien konzentrieren, als ob man nicht ein paar Tage in den Wäldern von Godful herumspazieren könnte, ohne ein Weizenfeld und eine Getreidemühle als Basis zu haben. Wie Papageien im Käfig brauchen wir einen Cracker, irgendeine der hundert Sorten – der Rest des Kekses von einer Reise um die Welt würde genügen, und die Bekömmlichkeit eines Saleratus-Kekses würde nicht in Frage gestellt werden. Brot ohne Fleisch ist eine gute Ernährung, wie ich auf vielen botanischen Exkursionen bewiesen habe. Auch Tee kann leicht ignoriert werden. Nur Brot und Wasser und angenehme Arbeit ist alles, was ich brauche – nicht übermäßig viel, aber man sollte trainiert und gestählt sein, um das Leben in dieser wilden Wildnis in völliger Unabhängigkeit von jeder Art von Nahrung zu genießen. Dass dies erreicht werden kann, zeigt sich, soweit es das körperliche Wohlergehen betrifft, im Leben von Menschen anderer Gefilde. Der Eskimo zum Beispiel lebt weit nördlich der Weizengrenze von öligen Robben und Walen. Fleisch, Beeren, bittere Kräuter und Speck, oder nur Letzteres, über Monate hinweg; und dennoch gelten diese Menschen rund um die gefrorenen Küsten unseres Kontinents als kräftig, fröhlich, kräftig und tapfer. Wir hören auch von Fischfressern, die fleischfressend wie Spinnen sind, denen es aber, was den Magen betrifft, gut geht, während wir so lächerlich hilflos sind, über unsere Kost hinweg schiefe Gesichter machen und verlegen aussehen, weil wir Verdauungsprobleme haben, während wir rumpelnde, brummende Geräusche hören, die man auch als unterdrücktes Mäulchen bezeichnen könnte. Wir haben einen großen Vorrat an Zucker, und heute Abend kam mir der Gedanke, dass diese widerspenstigen Mägen möglicherweise wie nörgelnde Kinder mit Süßigkeiten besänftigt werden könnten. Dementsprechend wurde die Bratpfanne gereinigt und viel Zucker darin zu einer Art Wachs gekocht, aber dieses Zeug machte die Sache nur noch schlimmer.

Der Mensch scheint das einzige Tier zu sein, das sich durch seine Nahrung schmutzig macht, was häufiges Waschen und schildartige Lätzchen und Servietten notwendig macht. Maulwürfe, die in der Erde leben und schleimige Würmer fressen, sind doch so sauber wie Robben oder Fische, deren Leben ein einziges ständiges Waschen ist. Und wie wir gesehen haben, halten sich die Eichhörnchen in diesen harzigen Wäldern auf geheimnisvolle Weise sauber; kein Härchen ist klebrig, obwohl sie die gummiartigen Zapfen anfassen und scheinbar sorglos umhergleiten. Auch die Vögel sind sauber, obwohl sie anscheinend ein großes Aufhebens darum machen, ihr Gefieder zu waschen und zu säubern. Gewisse Fliegen und Ameisen, die ich sehe, sind in einer Zwickmühle, verfangen und eingeschlossen in dem Zuckerwachs, das wir weggeworfen haben, wie manche ihrer Vorfahren in Bernstein. Unsere Mägen tun wie müde Muskeln weh vom langen Zappeln. Einmal war ich auf dem Bonaventure-Friedhof in der Nähe von Savannah, Georgia, sehr hungrig, nachdem ich mehrere Tage gefastet hatte; dann schien der leere Magen auf die gleiche Weise zu scheuern wie jetzt, und es trat eine ähnliche Empfindlichkeit und ein ähnliches Ziehen auf, das schwer zu ertragen war, obwohl der Schmerz nicht akut war. Wir träumen von Brot, ein sicheres Zeichen, dass wir es brauchen. Wie die Indianer sollten wir wissen, wie man die Stärke aus Farn- und Steinbrechstängeln, Lilienzwiebeln, Kiefernrinde usw. gewinnt. Unsere Bildung wurde viele Generationen lang leider vernachlässigt. Wildreis wäre gut. Ich bemerkte eine Leersia an feuchten Wiesenrändern, aber die Samen sind klein. Eicheln sind nicht reif, auch keine Pinienkerne oder Haselnüsse. Man könnte es mit der inneren Rinde von Kiefern oder Fichten versuchen. Trank Tee, bis ich halb betrunken war. Der Mensch scheint sich nach einem Stimulans zu sehnen, wenn etwas Außergewöhnliches passiert, und dies ist das einzige, das ich verwende. Billy kaut große Mengen Tabak, was vermutlich hilft, sein Elend zu betäuben und zu lindern. Wir halten jede Stunde Ausschau nach dem Don und lauschen ihm. Wie schön wären seine großen Füße auf den Bergen!

In der warmen, gastfreundlichen Sierra sind Hirten und Bergbewohner im Allgemeinen, soweit ich es gesehen habe, mit Nahrung und Bettzeug zufrieden. Die meisten von ihnen sind mit dem „harten Leben" vollkommen zufrieden und ignorieren die Schönheit der Natur als lästig oder unmännlich. Das Bett des Hirten besteht oft nur aus dem nackten Boden und ein paar Decken sowie einem Stein, einem Stück Holz oder einem Packsattel als Kopfkissen. Bei der Wahl des Platzes zeigt er weniger Sorgfalt als die Hunde, denn diese überlegen es sich normalerweise gut, bevor sie sich in einer so wichtigen Angelegenheit entscheiden, gehen von Ort zu Ort, kratzen lose Äste und Kieselsteine weg und versuchen, es sich durch viele Veränderungen bequem zu machen, während der Hirte sich irgendwo niederlässt und anscheinend der am wenigsten geschickte Ruhesuchende ist. Auch sein Essen ist, selbst wenn er alles hat, was er braucht, normalerweise alles andere als delikat, weder in Bezug auf die Art noch auf die Zubereitung. Bohnen, Brot aller Art, Speck, Hammelfleisch, getrocknete Pfirsiche und manchmal Kartoffeln und Zwiebeln bilden seine Speisekarte, wobei die beiden letzteren Artikel aufgrund ihres Gewichts im Vergleich zu dem Nährwert, den sie enthalten, als Luxus gelten. Etwa ein halber Sack von jedem kann beim Aufbruch von der heimischen Ranch in den Rucksack gepackt werden und in wenigen Tagen sind sie fertig. Bohnen sind das wichtigste Beiwerk, transportabel, gesund und weit zu tragen, außerdem sind sie leicht zu kochen, obwohl seltsamerweise viele Geheimnisse um den Bohnentopf kursieren. Keine zwei Köche sind sich ganz einig, wie man Bohnen am besten zubereitet, und nachdem er das schmackhafte Durcheinander – gut geölt und mit eingekochtem Speck im Inneren – gestreichelt, gelockt und gepflegt hat, wird der stolze Koch, nachdem er ein oder zwei Liter zum Probieren ausgeschenkt hat, fragen: „Na, wie schmecken Ihnen *meine* Bohnen?" als ob sie unmöglich wie andere Bohnen sein könnten, die auf die gleiche Weise gekocht werden, sondern irgendeine besondere Eigenschaft besitzen müssten, die nur er beherrscht. Melasse, Zucker oder Pfeffer können verwendet werden, um den gewünschten Geschmack zu erzielen; oder das erste Wasser kann abgegossen und ein oder zwei Löffel Asche oder Soda hinzugefügt werden, um die Schalen je nach Geschmack und Vorstellung vollständiger aufzulösen oder aufzuweichen. Aber wie bei Fässern Wein sind keine zwei Töpfe für jeden Gaumen genau gleich. Manche werden angeblich vom Mond verdorben, von einem unglücklichen Tag, weil die Bohnen auf ungeeignetem Boden angebaut wurden; oder das ganze Jahr kann schuld sein, da es für Bohnen nicht günstig ist.

Auch Kaffee hat seine Wunder in der Lagerküche, aber nicht so viele und nicht so unergründliche wie jene, die den Bohnentopf bevölkern. Auf einen mit Gurgeln eingeatmeten Schluck folgt ein leises, selbstgefälliges Grunzen und die ziellos hervorgebrachte Bemerkung: „Das ist guter Kaffee." Dann noch ein gurgelnder Schluck und Wiederholung des Urteils: „*Ja, Sir*, das *ist* guter Kaffee." Was Tee betrifft, gibt es nur zwei Sorten, schwach und stark, je stärker, desto besser. Die einzige Bemerkung, die man hört, ist: „Dieser Tee ist schwach", ansonsten ist er gut genug und nicht der Rede wert. Ob er ein oder zwei Stunden gekocht oder über einem Pechfeuer geräuchert wurde, ist egal – wen kümmert ein wenig Tannin oder Kreosot? Sie machen das schwarze Getränk umso stärker und ansprechender für tabakgegerbte Gaumen.

Schafslagerbrot wird, wie das meiste kalifornische Lagerbrot, in Dutch Ovens gebacken, ein Teil davon in Form von Hefepulverkeksen, einer ungesunden klebrigen Masse, die direkt zu Verdauungsstörungen führt. Der größere Teil wird jedoch mit Sauerteig vergoren, wobei von jeder Charge eine Handvoll aufgehoben und in die Öffnung des Mehlsacks gesteckt wird, um die nächste zu impfen. Der Ofen ist einfach ein gusseiserner Topf, etwa fünf Zoll tief und 12 bis 18 Zoll breit. Nachdem die Charge in einer Blechpfanne gemischt und geknetet wurde, wird der Ofen leicht erhitzt und mit einem Stück Talg oder Schweineschwarte eingerieben. Der Teig wird dann hineingelegt, an den Seiten festgedrückt und zum Aufgehen stehen gelassen. Wenn er zum Backen bereit ist, wird eine Schaufel Kohlen neben dem Feuer ausgebreitet und der Ofen darauf gestellt, während eine weitere Schaufel auf den Deckel gelegt wird, der von Zeit zu Zeit angehoben wird, um sicherzustellen, dass die erforderliche Hitze aufrechterhalten wird. Mit etwas Sorgfalt kann auf diese Weise gutes Brot hergestellt werden, es besteht jedoch die Gefahr, dass es anbrennt, sauer wird oder zu stark aufgeht, und das Gewicht des Ofens stellt ein ernstes Problem dar.

Endlich erreicht Don Delaney das lange Tal. Der Hunger verschwindet, wir richten unsere Augen auf die Berge und klettern morgen in Richtung Wolkenland.

Dieses erste Lager werde ich nie vergessen, solange noch etwas von mir übrig ist. Es ist mir in Fleisch und Blut übergegangen, nicht nur als Erinnerungsbild, sondern als fester Bestandteil von Geist und Körper. Die tiefe, trichterartige Senke mit ihren majestätischen Bäumen, durch die die Sterne in all den wundervollen Nächten ihre Schönheit strömen ließen. Die blühende Wildheit des hohen, steilen Abhangs in Richtung Brown's Flat und ihr Blütenduft, der am Ende der stillen Tage herabsteigt. Die von Lauben gesäumten Flussläufe mit ihrer Vielzahl von Stimmen, die Melodien spielen, das majestätische Fließen und Rauschen und die fröhlich jubelnden Strömungen, die die eintauchenden Seggenblätter und Büsche und moosigen Steine streicheln, in Tümpeln wirbeln, sich an kleinen, blühenden Inseln teilen, hier und da grau und weiß brechen, immer fröhlich, aber mit tiefen, feierlichen Untertönen, die an den Ozean erinnern – der tapfere kleine Vogel immer neben ihnen, der mit süßen, menschlichen Tönen zwischen den walzenden Schaumglocken singt und wie ein gesegnetes Evangelium Gottes Liebe erklärt. Und der Pilot Peak Ridge, dessen lange, sich zurückziehende Hänge anmutig geformt und geflochten sind, sich von Klima zu Klima erstrecken, gefiedert mit Bäumen, die die Könige ihrer Art sind, ihre Reihen edel geordnet, Turm über Turm, Krone über Krone, ihre langen, belaubten Arme schwenkend, ihre Zapfen wie klingende Glocken werfend – gesegnete, sonnengenährte Bergsteiger, die sich ihrer Stärke erfreuen, jeder Baum melodisch, eine Harfe für Wind und Sonne. Die Hasel- und Kreuzdornweiden der Hirsche, die sonnengebleichten Brauen, lila und gelb von Minze und Goldruten, mit Chamæbatia bedeckt, summend von Bienen.

Und die Morgen- und Sonnenaufgänge und Sonnenuntergänge dieser Bergtage – das rosa Licht, das höher zwischen den Sternen kriecht, sich in Narzissengelb verwandelt, die ebenen Strahlen, die hervorbrechen, über die Bergrücken strömen, eine Kiefer nach der anderen berühren, die ganze mächtige Schar erwecken und wärmen, damit sie freudig ihr strahlendes Tageswerk verrichten. Die großen sonnengoldenen Mittage, die alabasterfarbenen Wolkenberge, die Landschaft, die wie das Antlitz eines Gottes vor Bewusstsein strahlt. Die Sonnenuntergänge, wenn die Bäume still dastehen und auf ihren Gutenachtssegen warten. Göttlicher, beständiger, unerschöpflicher Reichtum.

KAPITEL IV

ZU DEN HOHEN BERGEN

8. Juli. Jetzt machen wir uns auf den Weg zu den höchsten Bergen. Viele leise, kleine Stimmen und auch das Mittagsdonner rufen: „Kommt höher." Lebt wohl, gesegnetes Tal, Wälder, Gärten, Bäche, Vögel, Eichhörnchen, Eidechsen und tausend andere. Lebt wohl. Lebt wohl.

Die Heuschrecken mit den Hufen strömten unter einer Wolke aus braunem Staub durch den Wald. Kaum waren sie hundert Meter vom alten Pferch entfernt, als sie zu merken schienen, dass sie endlich neue Weiden erreichten, und stürmten wie wild vorwärts, drängten sich durch Lücken im Unterholz, sprangen und stürzten wie jubelndes Hurra, das durch einen gebrochenen Damm entweicht. An jeder Seite rief ein Mann den Anführern, die sich in ihrem ausgehungerten Zustand wie die Schweine von Gadaren benahmen, ständig Ratschläge zu; zwei andere Treiber waren mit Nachzüglern beschäftigt und halfen ihnen aus dem Gestrüpp; der Indianer, ruhig und aufmerksam, hielt still nach Wanderern Ausschau, die leicht übersehen werden könnten; die beiden Hunde rannten hierhin und dorthin, ohne zu wissen, was sie am besten tun sollten, während der Don, bald weit hinten, versuchte, seinen lästigen Reichtum im Auge zu behalten.

Wasserscheide zwischen Tuolumne und Merced unterhalb von Hazel Green

Sobald die Grenze der alten ausgezehrten Bergkette überschritten war, beruhigte sich die hungrige Horde plötzlich wie ein Gebirgsbach auf einer Wiese. Von da an durften sie sich so langsam ihren Weg bahnen, wie sie wollten, und man achtete nur darauf, dass sie in Richtung des Gipfels der

Wasserscheide zwischen Merced und Tuolumne zogen. Bald waren die zweitausend plattgedrückten Bäuche von Wickenranken und Gras aufgequollen, und die hageren, verzweifelten Kreaturen, die eher Wölfen als Schafen ähnelten, wurden sanft und lenkbar, während die heulenden Treiber sich in sanfte Hirten verwandelten und in Frieden umherschlenderten.

Gegen Sonnenuntergang erreichten wir Hazel Green, einen bezaubernden Ort auf dem Gipfel des Gebirgskamms, der die Becken des Merced und des Tuolumne trennt. Dort fließt ein kleiner Bach durch Haselnuss- und Hartriegeldickichte unter prächtigen Weißtannen und Kiefern. Hier haben wir unser Nachtlager aufgeschlagen. Unser großes Feuer, hoch aufgehäuft mit harzigen Holzscheiten und Zweigen, lodert wie ein Sonnenaufgang und gibt das Licht, das langsam aus den Sonnenstrahlen jahrhundertelanger Sommer herausgefiltert wird, gerne zurück. Und wie eindrucksvoll heben sich im Schein dieses alten Sonnenlichts die umgebenden Objekte von der äußeren Dunkelheit ab! Gräser, Rittersporne, Akelei, Lilien, Haselnussbüsche und die großen Bäume bilden einen Kreis um das Feuer wie nachdenkliche Zuschauer, die mit menschlicher Begeisterung blicken und zuhören. Die Nachtbrise ist kühl, denn den ganzen Tag sind wir in den oberen Himmel aufgestiegen, die Heimat der Wolkenberge, die wir so lange bewundert haben. Wie süß und klar die Luft! Jeder Atemzug ein Segen. Hier erreicht die Zuckerkiefer ihre größte Größe, Schönheit und Anzahl und füllt jede Hügelkuppe, jede Mulde und jede steile Schlucht, fast unter Ausschluss anderer Arten. Ein paar Gelbkiefern sind noch als Begleiter zu finden und an den kühlsten Stellen auch Weißtannen; aber so edel diese auch sind, die Zuckerkiefer ist König und breitet lange schützende Arme über ihnen aus, während sie sich zum Zeichen der Anerkennung wiegen und schwenken.

Wir haben jetzt eine Höhe von 6.000 Fuß erreicht. Am Vormittag sind wir an einem flachen Teil des Trennkamms entlanggegangen, der mit Manzanita (*Arctostaphylos*) bepflanzt ist, von denen einige die größten sind, die ich je gesehen habe. Ich habe einen Baum gemessen, dessen Stamm vier Fuß im Durchmesser ist und nur achtzehn Zoll hoch über dem Boden liegt, wo er sich in viele weit ausladende Zweige auflöst, die einen breiten, runden Kopf bilden, der etwa zehn oder zwölf Fuß hoch ist und mit Büscheln kleiner, schmalkehliger rosa Glocken bedeckt ist. Die Blätter sind blassgrün, drüsig und durch eine Biegung des Blattstiels am Rand befestigt. Die Zweige scheinen nackt zu sein; denn die schokoladenfarbene Rinde ist sehr glatt und dünn und fällt in Flocken ab, die sich beim Trocknen kräuseln. Das Holz ist rot, feinkörnig, hart und schwer. Ich frage mich, wie alt diese merkwürdigen Baumbüsche sind, wahrscheinlich so alt wie die großen Kiefern. Indianer und Bären und Vögel und fette Larven ernähren sich von den Beeren, die wie kleine Äpfel aussehen, oft auf der einen Seite rosig, auf der anderen grün. Die Indianer sollen eine Art Bier oder Apfelwein daraus machen. Es gibt viele Arten. Diese, *Arctostaphylos pungens* , ist hier weit verbreitet. Sie brauchen den Wind nicht zu fürchten, so niedrig sind sie und so fest verwurzelt. Selbst die Feuer, die durch die Wälder fegen, zerstören sie selten völlig, denn sie wachsen aus der Wurzel wieder auf und einige der trockenen Hügel, auf denen sie wachsen, werden selten vom Feuer berührt. Ich muss versuchen, sie besser kennenzulernen.

Ich vermisse heute Abend meine Flusslieder. Hier hat Hazel Creek an seinen obersten Quellen eine Stimme wie ein Vogel. Die Windtöne in den großen Bäumen über mir sind seltsam eindrucksvoll, umso mehr, weil sich unter ihnen kein Blatt regt. Aber es wird spät und ich muss zu Bett. Das Lager ist still; alle schlafen. Es scheint extravagant, so kostbare Stunden im Schlaf zu verbringen. „Er gibt seinem Geliebten Schlaf." Schade, dass der arme Geliebte es braucht, schwach, müde, erschöpft; oh, wie schade, inmitten ewiger, schöner Bewegung zu schlafen, anstatt ewig zu blicken, wie die Sterne.

9. Juli. Die Bergluft hat mich so beschwingt, dass ich heute Morgen vor lauter wilder Tierfreude am liebsten laut schreien würde. Der Indianer hat sich gestern Abend abseits vom Feuer hingelegt, ohne Decken, er hatte nichts an Kleidung an, außer einem Paar blauer Overalls und einem schweißnassen Kattunhemd. Die Nachtluft ist in dieser Höhe kühl, und wir gaben ihm ein paar Pferdedecken, aber sie schienen ihm nicht zu schmecken. Es ist schön, unabhängig von Kleidung zu sein, wenn man sie so schwer tragen kann. Wenn Nahrung knapp ist, kann er von allem leben, was ihm in den Weg kommt – ein paar Beeren, Wurzeln, Vogeleier, Heuschrecken, schwarze Ameisen, dicke Wespen- oder Hummellarven, ohne das Gefühl zu haben, dass er dabei etwas Nennenswertes tut, so wurde mir erzählt.

Eine Weißtanne oder Rottanne (Abies magnifica)

Unser Weg führte heute über die breite Spitze des Hauptkamms zu einer Senke hinter Crane Flat. Sie ist kaum felsig und mit den edelsten Kiefern und Fichten bewachsen, die ich je gesehen habe. Zuckerkiefern mit einem Durchmesser von sechs bis acht Fuß und einer Höhe von zweihundert Fuß oder mehr sind keine Seltenheit. Die Weißtannen (*Abies concolor* und *A. magnifica*) sind außerordentlich schön, insbesondere die *Magnifica* , die immer zahlreicher wird, je höher wir kommen. Sie ist von enormer Größe und in jeder Hinsicht eine der bemerkenswertesten riesigen Nadelbäume der Sierra. Ich sah Exemplare mit einem Durchmesser von sieben Fuß und einer Höhe von über zweihundert Fuß, während die Durchschnittsgröße für das, was man als ausgewachsene Bäume bezeichnen könnte, kaum weniger als einhundertachtzig oder zweihundert Fuß Höhe und einen Durchmesser von fünf oder sechs Fuß betragen kann; und bei diesen edlen Abmessungen kommt eine Symmetrie und Perfektion der Verarbeitung zum Vorschein, die man bei keinem anderen Baum findet, zumindest nicht hier in der Gegend. Die Zweige sind meist zu fünft quirlig angeordnet und stehen in geraden Halskrägen aus dem hohen, geraden, exquisit verjüngten Stamm heraus. Jeder Zweig ist regelmäßig gefiedert wie die Wedel von Farnen und rund um die Zweige dicht mit Blättern bedeckt, was ihnen ein außergewöhnlich reiches und prächtiges Aussehen verleiht. Die äußerste Spitze des Baumes ist ein dicker, stumpfer Trieb, der wie ein mahnender Finger geradewegs zum Zenit zeigt. Die Zapfen stehen aufrecht wie Fässer auf den oberen Zweigen. Sie sind etwa sechs Zoll lang, drei Zoll im Durchmesser, stumpf, samtig und zylindrisch geformt und sehen sehr reich und kostbar aus. Die Samen sind etwa drei Viertel Zoll lang, dunkelrotbraun mit leuchtend schillernden purpurnen Flügeln, und wenn sie reif sind, zerfällt der Zapfen in Stücke, und die so in einer Höhe von 150 oder 200 Fuß freigesetzten Samen haben einen guten Start und können bei einer guten Brise beträchtliche Entfernungen zurücklegen; und wenn eine gute Brise weht, werden die meisten von ihnen freigeschüttelt und fliegen.

Die andere Art, *Abies concolor*, erreicht fast dieselbe Höhe und Dicke wie die *Magnifica* , aber die Zweige bilden keine so regelmäßigen Wirtel, noch sind sie so genau gefiedert oder reich belaubt. Statt rund um die Zweige zu wachsen, sind die Blätter meist in zwei flachen horizontalen Reihen angeordnet. Die Zapfen und Samen haben die gleiche Form wie die der *Magnifica* , *sind* aber weniger als halb so groß. Die Rinde der *Magnifica* ist rötlich-violett und eng gefurcht, die der *Concolor* grau und weit gefurcht. Ein edles Paar.

Bei Crane Flat stiegen wir auf einer Strecke von etwa drei Kilometern 300 Meter oder mehr hinauf, wobei der Wald dichter wurde und die silbrigen *Magnifica-* Tannen einen noch größeren Anteil daran ausmachten. Crane Flat ist eine Wiese mit einem breiten Sandrand auf der Wasserscheide. Blaue Kraniche besuchen sie oft, um auf ihren langen Reisen auszuruhen und zu fressen, daher der Name. Sie ist etwa eine halbe Meile lang, mündet in den Merced, in der Mitte mit Seggen bewachsen, mit einem Rand, der hell von Lilien, Akelei, Rittersporn, Lupinen und Kastilien gesäumt ist, und dann folgt eine äußere Zone aus trockenem, sanft abfallendem Boden, übersät mit einer Vielzahl kleiner Blumen – Eunanus, Mimulus, Gilia, mit Rosetten von Spraguea und Büscheln mehrerer Arten von Eriogonum und der leuchtenden Zauschneria. Die edle Waldmauer darum besteht aus den beiden Weißtannen und den Gelb- und Zuckerkiefern, die hier den höchsten

Grad an Schönheit und Erhabenheit zu erreichen scheinen; denn die Höhe von 6.000 Fuß oder etwas mehr ist nicht zu groß für die Zucker- und Gelbkiefern und nicht zu niedrig für die *Magnifica-* Tanne, während für die *Concolor-Tanne* diese Höhe am angenehmsten zu sein scheint. Etwa eine Meile vom nördlichen Ende der Ebene entfernt steht ein Hain aus *Sequoia gigantea* , dem König aller Nadelbäume. Außerdem kommen hier und da Douglasien (*Pseudotsuga Douglasii*) , *Libocedrus decurrens* und ein paar zweiblättrige Kiefern vor, die einen kleinen Teil des Waldes bilden. Drei Kiefern, zwei Weißtannen, eine Douglasie und ein Mammutbaum - alle außer der zweiblättrigen Kiefer sind gewaltige Bäume - stehen hier gemeinsam, eine Ansammmlung von Nadelbäumen, die auf der Erde ihresgleichen sucht.

Wir kamen an einer Anzahl reizender, gartenähnlicher Wiesen vorbei, die auf der Wasserscheide lagen oder wie Bänder an ihren Seiten herabhingen, eingebettet in den herrlichen Wald. Einige sind hauptsächlich mit dem hohen, weiß blühenden *Veratrum Californicum bewachsen* , mit bootförmigen Blättern, die etwa einen Fuß lang, 20 bis 25 Zentimeter breit und wie die von Cypripedium geadert sind – einer robusten, herzhaften, lilienartigen Pflanze, die Wasser liebt und unbedingt gesehen werden will. Akelei und Rittersporn wachsen an den trockeneren Rändern der Wiesen, und ein hoher, schöner Lupine steht hüfttief in hohem Gras und Seggen. Auch Kastilien verschiedener Arten bieten einen leuchtenden Anblick mit Veilchenbeeten zu ihren Füßen. Aber die Pracht dieser Waldwiesen ist eine Lilie (*L. parvum*). Die größten sind sieben bis acht Fuß hoch und tragen prächtige Trauben mit zehn bis zwanzig oder mehr kleinen orangefarbenen Blüten. Sie stehen frei auf offenem Gelände, mit gerade genug Gras und anderen Begleitpflanzen um sie herum, um ihre Füße zu säumen und sie optimal zur Geltung zu bringen. Dies ist eine großartige Ergänzung zu meinen Lilienbekanntschaften – ein echter Bergsteiger, der seine größte Kraft und Schönheit in einer Höhe von etwa siebentausend Fuß erreicht. Ich finde, dass die Größe sogar auf derselben Wiese sehr unterschiedlich ist, nicht nur je nach Boden, sondern auch je nach Alter. Ich sah ein Exemplar, das nur eine Blüte hatte, und ein anderes, das nur einen Steinwurf entfernt war, hatte 25. Und wenn man bedenkt, dass Schafe auf diese Lilienwiesen dürfen! Nach wie vielen Jahrhunderten der Fürsorge der Natur, die sie gepflanzt und bewässert hat, die Zwiebeln behaglich unter dem Winterfrost versteckt, die zarten Triebe mit Wolken beschattet hat, die wie Vorhänge über sie gezogen waren, erfrischenden Regen herabregnen ließ, ihre Schönheit perfekt machte und sie durch tausend Wunder schützte; und doch, so seltsam es klingt, das Trampeln durch verheerende Schafe zuließ. Man könnte vernünftigerweise eine Feuermauer erwarten, um solche Gärten einzuzäunen. So verschwenderisch geht die Natur mit ihren erlesensten Schätzen um, sie verschwendet die Schönheit der Pflanzen wie sie das Sonnenlicht verschwendet und es in Land und Meer, Garten und Wüste ausgießt. Und so fällt die Schönheit der Lilien auf Engel und Menschen, Bären und Eichhörnchen, Wölfe und Schafe, Vögel und Bienen, aber soweit ich gesehen habe, zerstören nur der Mensch und die Tiere, die er zähmt, diese Gärten. Unbeholfene, schwerfällige Bären, erzählt mir der Don, lieben es, sich bei heißem Wetter in ihnen zu wälzen, und Rehe mit ihren scharfen Füßen überqueren sie immer wieder, schlendern und fressen, doch ich habe noch nie eine Lilie gesehen, die von ihnen verdorben wurde. Vielmehr scheinen sie sie wie Gärtner zu kultivieren, indem sie sie nach Bedarf pressen und pflanzen. Jedenfalls scheint kein Blatt oder Blütenblatt fehl am Platz zu sein.

Die Bäume um sie herum scheinen in Schönheit und Form so perfekt wie die Lilien, ihre Zweige sind wie Lilienblätter in exakter Ordnung gewunden. An diesem Abend verzaubert das Glühen unseres Lagerfeuers wie üblich alles, was in Reichweite seiner Strahlen ist. Wenn man unter den Tannen liegt, ist es herrlich zu sehen, wie sie ihre Spitzen in den Sternenhimmel tauchen, der Himmel wie eine riesige Lilienwiese in voller Blüte! Wie kann ich in einer so kostbaren Nacht meine Augen schließen?

10. Juli. Ein Douglas-Eichhörnchen, der pfeffrige, scharfe Alleinherrscher des Waldes, bellt heute Morgen über uns, und die kleinen Waldvögel, die man so selten sieht, wenn man lärmend unterwegs ist, wärmen sich auf sonnigen Zweigen am Rand der Wiese auf, nehmen ein Sonnenbad und ein Taubad – ein schöner Anblick. Wie bezaubernd das muntere, selbstbewusste Aussehen und Verhalten dieser kleinen gefiederten Baumbewohner! Sie scheinen sich eines köstlichen, gesunden Frühstücks sicher zu sein, und woher sollen so viele Frühstücke kommen? Wie hilflos wären wir, wenn wir versuchen würden, ihnen einen Tisch mit solchen Knospen, Samen, Insekten usw. zu decken, die sie bei der reinen wilden Gesundheit halten würden, die sie genießen! Ich schätze, sie haben keine Kopfschmerzen oder andere Schmerzen. Was die unbändigen Douglas-Eichhörnchen betrifft, denkt man nie an ihr Frühstück oder die Möglichkeit von Hunger, Krankheit oder Tod; eher scheinen sie wie Sterne über dem Zufall oder der Veränderung, auch wenn wir sie manchmal damit beschäftigt sehen, Kletten zu sammeln und hart für ihren Lebensunterhalt zu arbeiten.

Immer höher steigen wir durch den Wald, eine Staubwolke verdunkelt den Weg, Tausende von Füßen zertrampeln Blätter und Blumen, aber in dieser gewaltigen Wildnis scheinen sie nur eine schwache Schar zu sein, und tausend Gärten werden ihrer verderblichen Berührung entgehen. Sie können den Bäumen nichts anhaben, obwohl einige der Setzlinge leiden, und sollten sich die Wollheuschrecken stark vermehren, was aufgrund ihres Dollarwerts wahrscheinlich ist, könnten mit der Zeit auch die Wälder zerstört werden. Nur der Himmel wird dann sicher sein, obwohl er durch Staub und Rauch, den Weihrauch eines schlechten Opfers, vor den Augen verborgen ist. Arme, hilflose, hungrige Schafe, größtenteils missraten, ohne Daseinsberechtigung, halb hergestellt, weniger von Gott als von Menschen gemacht, außerhalb von Zeit und Ort geboren, und doch sind ihre Stimmen seltsam menschlich und rufen Mitleid hervor.

Unser Weg verläuft immer noch entlang der Wasserscheide Merced und Tuolumne, die Flüsse zu unserer Rechten werden zum melodiösen Yosemite River, die zu unserer Linken zum melodiösen Tuolumne, sie fließen durch sonnige Seggen- und Lilienwiesen und brechen in tausend Schluchten fast gleich nach ihrer Entstehung in Gesang aus. Wohl nirgendwo gibt es melodischere Flüsse oder kristallklarere, die mal mit klingendem Flüstern dahingleiten, mal mit fröhlichem Rauschen, durch Sonnenschein und Schatten, schimmernd in Tümpeln, ihre Strömungen vereinen, hüpfend, tanzend von Form zu Form über Klippen und Abhänge, immer schöner, je weiter sie fließen, bis sie in die großen Gletscherflüsse münden.

Den ganzen Tag habe ich mit wachsender Bewunderung die edlen Gruppen der prächtigen Weißtannen betrachtet, die immer mehr den Boden für sich beanspruchen. Die Wälder oberhalb von Crane Flat sind noch immer vergleichsweise offen und lassen das Sonnenlicht auf den braunen, nadelbedeckten Boden fallen. Die einzelnen Bäume sind nicht nur bewundernswert symmetrisch und haben ein herrliches Laub und Portwein, sondern ein halbes Dutzend oder mehr bilden oft Tempelhaine, in denen die Bäume in Größe und Position so schön abgestuft sind, dass sie wie ein einziger wirken. Hier ist in der Tat das Paradies für Baumliebhaber. Das stumpfsinnigste Auge der Welt muss sicherlich durch solche Bäume geschärft werden.

Glücklicherweise brauchen die Schafe wenig Aufmerksamkeit, da sie langsam getrieben werden und nach Lust und Laune knabbern und knabbern dürfen. Seit wir Hazel Green verlassen haben, sind wir dem Yosemite Trail gefolgt; Besucher des berühmten Tals, die über Coulterville und Chinese Camp kommen, passieren diesen Weg – die beiden Wege vereinigen sich in Crane Flat – und betreten das Tal auf der Nordseite. Ein anderer Weg führt auf der Südseite über Mariposa hinein. Die Touristen, die wir sahen, waren in Gruppen von drei oder vier bis fünfzehn oder zwanzig Tieren unterwegs, auf Maultieren oder kleinen Mustang-Ponys. Sie boten ein seltsames Schauspiel, wie sie in bunter Kleidung im Gänsemarsch durch die ernsten Wälder zogen und die wilden Tiere erschreckten, und man könnte meinen, sogar die großen Kiefern würden aufgeschreckt und stöhnten entsetzt auf. Aber was können wir von uns und der Herde sagen?

Wir haben jetzt unser Lager in Tamarack Flat aufgeschlagen, sechs bis acht Kilometer vom unteren Ende des Yosemite-Nationalparks entfernt. Dies ist eine weitere schöne, in den Wald eingebettete Wiese, durch die ein tiefer, klarer Bach fließt, dessen Ufer abgerundet und mit einem Buschwerk aus Seggen bedeckt sind. Die Ebene ist nach der zweiblättrigen Kiefer (*Pinus contorta* , var. *murrayana*) benannt, die hier häufig vorkommt, besonders am kühlen Rand der Wiese. Auf felsigem Boden ist sie ein rauer, stämmiger Baum, etwa zwölf bis sechzig Meter hoch und ein bis drei Meter im Durchmesser, mit dünner und gummiartiger Rinde, ziemlich kahlen Ästen und kleinen Quasten, Blättern und Zapfen. Doch in feuchtem, reichhaltigem Boden wächst sie dicht und schlank und erreicht zeitweise eine Höhe von fast dreißig Metern. Exemplare mit einem Durchmesser von nur sechs Zoll am Boden sind oft fünfzehn oder sechzig Meter hoch und so schlank und spitz zulaufend wie Pfeile, wie die echte Lärche der östlichen Staaten; daher der Name, obwohl es sich um eine Kiefer handelt.

11. Juli. Der Don ist auf einem der Lasttiere vorausgegangen, um das Land nördlich von Yosemite auszukundschaften und den besten Platz für ein zentrales Lager zu finden. Viel höher können wir jetzt nicht gehen, denn die höher gelegenen Weiden, die angeblich besser sind als alle hier in der Gegend, sind immer noch unter schwerem Winterschnee begraben. Ich bin froh, dass das Lager in der Yosemite-Region errichtet wird, denn ich werde viele herrliche Wanderungen entlang der Mauern unternehmen und dann werde ich die Landschaften mit ihren neuen Bergen und Schluchten, Wäldern und Gärten, Seen und Flüssen und Wasserfällen entdecken.

Wir befinden uns jetzt etwa 2.100 Meter über dem Meeresspiegel, und die Nächte sind so kühl, dass wir Mäntel und zusätzliche Kleidung auf unsere Decken stapeln müssen. Der Tamarack Creek ist eiskaltes, köstliches, berauschendes Champagnerwasser. Es fließt mit lautloser Geschwindigkeit bis zum Ufer durch die Wiese, aber nur wenige hundert Meter unter unserem Lager besteht der Boden aus nacktem, grauem Granit, der mit Felsbrocken übersät ist. Große Flächen sind ohne einen einzigen Baum oder nur hier und da mit einem kleinen Baum bedeckt, der in schmalen Spalten und Rissen verankert ist. Die Felsbrocken, viele von ihnen sehr groß, sind nicht in Haufen oder wie Müll zwischen losem, zerbröckelndem Schutt verstreut, als ob sie als Felsbrocken der Zersetzung aus dem Festkörper herausgewittert wären; sie kommen meist einzeln vor und liegen auf einem sauberen Pflaster, auf das das Sonnenlicht in einem grellen Glanz fällt, der im Kontrast zu dem Schimmer von Licht und Schatten steht, den wir aus den Laubwäldern gewohnt sind. Und seltsamerweise liegen diese Felsbrocken so still und verlassen da, ohne dass sich eine bewegliche Kraft in ihrer Nähe befindet, kein Felsbrockenträger weit und breit zu sehen ist. Trotzdem wurden sie, wie die Unterschiede in Farbe und Zusammensetzung zeigen, von weit her gebracht, abgebaut und transportiert und hier an ihrem Platz abgelegt. Die meisten von ihnen haben sich seit ihrer Ankunft weder durch Windstille noch durch Sturm bewegt. Sie wirken einsam hier, Fremde in einem fremden

Land – riesige Blöcke, eckige Bergsplitter, die größten zwanzig oder dreißig Fuß im Durchmesser, die Splitter, die die Natur bei der Gestaltung ihrer Landschaften und der Gestaltung ihrer Berge und Täler geschaffen hat. Und mit welchem Werkzeug wurden sie abgebaut und transportiert? Auf dem Pflaster finden wir ihre Spuren. Der widerstandsfähigste, unverwitterte Teil der Oberfläche ist in streng paralleler Weise eingekerbt und gestreift, was darauf hindeutet, dass die Region von einem Gletscher aus nordöstlicher Richtung überschwemmt wurde, der die Gesamtmasse der Berge abgeschliffen, eingekerbt und poliert hat, wodurch ein seltsames, rohes, abgewischtes Aussehen entstand, und alle Felsbrocken, die er zufällig mit sich trug, als er am Ende der Eiszeit schmolz, fallen ließ. Das ist eine schöne Entdeckung. Was die Wälder betrifft, durch die wir gekommen sind, so wachsen sie wahrscheinlich auf Erdablagerungen, die größtenteils von demselben Eiswirt in Form von Moränen verschiedener Art abgelagert wurden, die jetzt durch postglaziale Verwitterung zum großen Teil zerfallen und ausgebreitet sind.

Aus der Graswiese und hinunter über diesen von Eis bearbeiteten Granit fließt der fröhliche, junge Tamarack Creek. Er jubelt, jubelt, singt und tanzt in weißen, leuchtenden, schillernden Wasserfällen und Kaskaden auf seinem Weg zum Merced Canyon, wenige Kilometer unterhalb des Yosemite-Nationalparks. Auf einer Strecke von etwa drei Kilometern stürzt er mehr als 900 Meter in die Tiefe.

Alle Flüsse in Merced sind wunderbare Sänger, und Yosemite ist das Zentrum, wo die wichtigsten Nebenflüsse zusammenfließen. Von einem Punkt etwa eine halbe Meile von unserem Lager entfernt können wir in das untere Ende des berühmten Tals mit seinen wunderbaren Klippen und Wäldern sehen, eine großartige Seite Bergmanuskript, für deren Lektüre ich gerne mein Leben geben würde. Wie riesig erscheint es, wie kurz das menschliche Leben, wenn wir zufällig daran denken, und wie wenig wir lernen können, wie sehr wir uns auch bemühen! Doch warum sollten wir unsere armselige, unvermeidliche Unwissenheit beklagen? Ein Teil der äußeren Schönheit ist immer in Sicht, genug, um jede Faser von uns zum Kribbeln zu bringen, und wir können dies herrlich genießen, auch wenn die Methoden seiner Entstehung außerhalb unseres Horizonts liegen. Sing weiter, tapferer Tamarack Creek, frisch aus deinen schneeweißen Quellen, plätschere und wirbele und tanze zu deinem Schicksal im Meer; bade und erheitere jedes Lebewesen auf deinem Weg.

Habe diesen ganzen langen Tag sehr genossen, bin herumgeschlendert und habe gesehen, habe die Einflüsse der Berge auf mich wirken lassen, habe skizziert, Notizen gemacht, Blumen gepresst, Ozon und Tamarack-Wasser getrunken. Habe die weiße, duftende Washington-Lilie gefunden, die schönste aller Sierra-Lilien. Ihre Zwiebeln sind in struppigem Chaparral-

Gewirr vergraben, vermutlich zum Schutz vor scharrenden Bären; und ihre prächtigen Blütenrispen wiegen und schaukeln über den Wipfeln der rauen, schneebedeckten Büsche, während große, kühne Bienen mit stumpfen Nasen in ihren pollenbedeckten Glocken summen und murmeln. Eine wunderschöne Blume, für die es sich lohnt, hungrig und mit wunden Füßen endlose Meilen zu gehen, um sie zu sehen. Die ganze Welt erscheint reicher, jetzt, da ich diese Pflanze in einer so edlen Landschaft gefunden habe.

Ein Blockhaus markiert den Anspruch auf die Tamarack-Wiese, die als Station wertvoll werden könnte, falls der Reiseverkehr nach Yosemite stark zunimmt. Verspätete Gruppen halten gelegentlich hier. Ein weißer Mann mit einer Indianerin hält den Ort in Besitz.

Gegen Sonnenuntergang schlenderte ich die Wiese hinauf, außer Sichtweite von Lager, Schafen und allen menschlichen Spuren, hinein in die tiefe Ruhe des feierlichen alten Waldes, wo alles vor der unstillbaren Begeisterung des Himmels glühte.

12. Juli. Der Don ist zurückgekehrt, und wir begeben uns erneut auf Pilgerfahrt. „Wenn man über das Yosemite Creek-Gebiet blickt", sagte er, „sieht man von den Berggipfeln aus nichts als Felsen und Baumgruppen; aber wenn man in die felsige Wüste hinabsteigt, findet man endlose kleine Grasbänke und Wiesen, und so ist das Land nicht halb so karg, wie es aussieht. Dort werden wir hingehen und bleiben, bis der Schnee im Hochland geschmolzen ist."

Ich war froh zu hören, dass der hohe Schnee einen Aufenthalt in der Yosemite-Region notwendig machte, denn ich möchte so viel wie möglich davon sehen. Was für schöne Zeiten werde ich damit verbringen, zu skizzieren, Pflanzen und Felsen zu studieren und allein am Rand des großen Tals herumzuklettern, außer Sicht- und Hörweite des Lagers!

Wir haben heute eine weitere Gruppe von Yosemite- Touristen gesehen . Die meisten dieser Reisenden scheinen sich nicht viel für die herrlichen Dinge um sie herum zu interessieren, obwohl sie genug Zeit und Geld investieren und lange Fahrten auf sich nehmen, um das berühmte Tal zu sehen. Und wenn sie sich innerhalb der mächtigen Mauern des Tempels befinden und die Psalmen der Wasserfälle hören, werden sie sich selbst vergessen und fromm werden. Gesegnet sollte wahrlich jeder Pilger in diesen heiligen Bergen sein!

Wir bewegten uns langsam ostwärts entlang des Mono Trails, packten am frühen Nachmittag aus und schlugen unser Lager am Ufer des Cascade Creek auf. Der Mono Trail überquert die Bergkette am Bloody Cañon Pass zu Goldminen nahe dem nördlichen Ende des Mono Lake. Als diese Minen entdeckt wurden, waren sie angeblich sehr reichhaltig, und es kam zu einem großen Ansturm, der einen Pfad notwendig machte. Ein paar kleine Brücken wurden über Bäche gebaut, die wegen des weichen Bodens nicht durchquert werden konnten, Teile umgestürzter Bäume wurden entfernt und Gassen durch Dickichte gegraben, die breit genug waren, um sperriges Gepäck passieren zu lassen; doch auf dem größten Teil des Weges wurde kaum ein Stein oder eine Schaufel Erde bewegt.

Die Wälder, durch die wir kamen, bestehen fast ausschließlich aus *Abies magnifica* , die Begleitart *concolor* blieb aufgrund der Höhenlage größtenteils zurück, während die zunehmende Höhe der bezaubernden *magnifica zu verdanken scheint* . Keine Worte können diesem edlen Baum gerecht werden. An einer Stelle waren viele Bäume während eines schweren Sturms umgestürzt, da der Boden aufgrund seines lockeren Sandes keinen sicheren Halt bot. Der Boden besteht größtenteils aus zersetztem und zerfallenem Moränenmaterial.

Die Schafe liegen auf einem kahlen, felsigen Fleckchen, wie sie es mögen, und kauen in grasbedeckter Ruhe wieder. Es wird gekocht, und der Appetit wird von Tag zu Tag stärker. Kein Tieflandbewohner kann den Appetit der Berge und die Leichtigkeit, mit der schwere Nahrung, die „Fleisch" genannt wird, verdrückt werden, ermessen. Essen, Gehen und Ausruhen scheinen gleichermaßen köstlich, und man möchte morgens beim Aufstehen laut schreien wie ein krähender Hahn. Schlaf und Verdauung sind so klar wie die Luft. Heute Nacht werden wir feine, würzige, weiche Zweige als Bettzeug haben und ein herrliches Schlaflied von diesem kaskadenartigen Bach. Nie wurde ein Bach passender benannt, denn soweit ich ihn oberhalb und unterhalb unseres Lagers verfolgt habe, ist er eine einzige, ununterbrochen hüpfende, tanzende, weiße Blüte von Kaskaden. Und ganz am Ende beendet er unermüdlich seinen wilden Lauf mit einem großen Sprung von 300 Fuß oder mehr auf den Grund des Haupt-Yosemite-Cañons in der Nähe des Wasserfalls des Tamarack Creek, ein paar Meilen unterhalb des Tals. Diese Wasserfälle können es beinahe mit den weithin berühmten Yosemite-Wasserfällen aufnehmen. Niemals werde ich diese fröhlichen Kaskadengesänge vergessen, das tiefe Dröhnen, das Brüllen, das scharfe, silbrige Klirren des kühlen Wassers, das unter der irisfarbenen Gischt von Form zu Form rauscht; oder in der tiefen, stillen Nacht, weiß in der Dunkelheit, und seine Vielzahl von Stimmen, die noch eindrucksvoller und erhabener klingen. Hier finde ich die kleine Wasseramsel genauso zu Hause wie jeden Hänfling in einem laubbedeckten Wäldchen, und sie scheint umso mehr Freude zu haben, je stürmischer der Bach ist. Die schwindelerregenden Abgründe, die schnell dahinsausende Energie und die Donnertöne der steilen Wasserfälle sind ehrfurchtgebietend, aber an diesem kleinen Vogel ist nichts Furchtbares. Sein Gesang ist süß und tief, und alle seine Gesten, während er inmitten des lauten Aufruhrs umherflattert, zeugen von Stärke,

Frieden und Freude. Wenn man diese Lieblinge der Natur betrachtet, die aus spritzbenetzten Nestern am Rande wilder Ströme hervorkommen, kommt einem Samsons Rätsel in den Sinn: „Aus dem Starken kommt Süße." Dieser kleine Vogel ist eine noch schönere Blüte als die Schaumglocken in wirbelnden Teichen. Sanfter Vogel, du bringst mir eine kostbare Botschaft. Wir mögen die Bedeutung des Sturzbachs nicht verstehen, aber deine süße Stimme, in der nur Liebe liegt.

13. Juli. Den ganzen Tag sind wir ostwärts über den Rand des Yosemite Creek-Beckens und etwa auf halber Höhe nach unten gegangen, wo wir auf einer von Gletschern polierten Granitplatte, die als feste Unterlage für Betten diente, unser Lager aufgeschlagen haben. Wir haben auf dem Weg die Spuren eines sehr großen Bären gesehen, und der Don hat von Bären im Allgemeinen gesprochen. Ich sagte, ich würde gern den Verursacher dieser riesigen Spuren auf seinem Marsch sehen und ihm tagelang folgen, ohne ihn zu stören, um etwas über das Leben dieses Meistertiers der Wildnis zu erfahren. Lämmer, erzählte mir der Don, die im Tiefland geboren wurden und nie einen Bären gesehen oder gehört haben, schnauben und rennen voller Angst davon, wenn sie die Witterung aufnehmen, was zeigt, wie gut sie ihre Kenntnis ihres Feindes geerbt haben. Schweine, Maultiere, Pferde und Rinder haben Angst vor Bären und werden von unkontrollierbarer Angst gepackt, wenn sie sich nähern, besonders Schweine und Maultiere. Schweine werden häufig auf Weiden in den Ausläufern der Küstenkette und der Sierra getrieben, wo es reichlich Eicheln gibt, und werden wie Schafe in Herden von Hunderten zusammengetrieben. Wenn ein Bär in die Weide kommt, verlassen sie diese sofort und ziehen in Gruppen fort, normalerweise nachts, da die Wärter nichts dagegen tun können. Sie zeigen damit mehr Verstand als Schafe, die sich einfach in den Felsen und Büschen verteilen und ihrem Schicksal entgegensehen. Maultiere fliehen mit oder ohne Reiter wie der Wind, wenn sie einen Bären sehen, und wenn sie angebunden sind, brechen sie sich manchmal das Genick, wenn sie versuchen, ihre Seile zu zerreißen, obwohl ich noch nie gehört habe, dass Bären Maultiere oder Pferde getötet hätten. Schweine sollen sie besonders gern haben und kleine Tiere mit Knochen und allem verschlingen, ohne sich die Teile auszusuchen. Insbesondere versicherte mir Mr. Delaney, dass alle Bärenarten in der Sierra sehr scheu seien und dass es für Jäger weitaus schwieriger sei, auf Schussweite an sie heranzukommen als an Hirsche oder irgendein anderes Tier in der Sierra. Wenn ich also unbedingt viel von ihnen sehen wolle, müsse ich mit der unendlichen Geduld der Indianer abwarten und beobachten und auf nichts anderes achten.

Die Nacht bricht herein, die grauen Felswellen werden im Zwielicht immer dunkler. Wie rau und jung erscheint diese Gegend! Wäre die Eisschicht, die sie überzog, erst gestern verschwunden, könnten ihre Spuren auf den widerstandsfähigeren Teilen rund um unser Lager kaum deutlicher zu erkennen sein als jetzt. Die Pferde und Schafe und wir alle rutschten tatsächlich auf den glattesten Stellen aus.

14. Juli. Wie todesähnlich ist der Schlaf in dieser Bergluft und so schnell das Erwachen in ein neues Leben! Eine ruhige Morgendämmerung, gelb und violett, dann Fluten von Sonnengold, die alles kribbeln und glühen lassen.

Nach ein oder zwei Stunden erreichten wir den Yosemite Creek, den größten aller Yosemite-Wasserfälle. An der Kreuzung des Mono Trail ist er etwa zwölf Meter breit und jetzt durchschnittlich etwa vier Meter tief. Er fließt etwa fünf Kilometer pro Stunde. Von hier aus sind es nur noch etwa drei Kilometer bis zum Rand der Yosemite-Wand, wo er seinen gewaltigen Sturz hinlegt. Ruhig, schön und fast lautlos gleitet er mit majestätischen Bewegungen dahin. An seinen Ufern wächst ein dichter Bestand schlanker zweiblättriger Kiefern und ein Saum aus Weiden, lila Spirea, Seggen, Gänseblümchen, Lilien und Akelei. Einige der Seggen und Weidenzweige tauchen in die Strömung ein, und direkt außerhalb der dichten Baumreihen befindet sich eine sonnige Ebene aus gewaschenem, kiesigem Sand, der anscheinend von einer alten Flut abgelagert wurde. Es ist bedeckt mit Millionen von Erethrea, Eriogonum und Oxytheca, die mehr Blüten als Blätter haben und einen gleichmäßigen Wuchs bilden, der hier und da leicht mit Grübchen und Rosetten von *Spraguea umbellata durchsetzt* ist. Hinter diesem blühenden Streifen erstreckt sich eine wellige, ansteigende Ebene aus massivem Granit, die an vielen Stellen so glatt eispoliert ist, dass sie in der Sonne wie Glas glitzert. In flachen Mulden stehen Gruppen von Bäumen, meist die raue Form der zweiblättrigen Kiefer, die dort, wo wenig oder keine Erde vorhanden ist, ziemlich dürr aussehen. Auch ein paar Wacholder (*Juniperus occidentalis*), kurz und kräftig, mit leuchtend zimtfarbener Rinde und grauem Laub, stehen meist allein auf dem sonnenbeschienenen Pflaster, sicher vor Feuer, sich nur mit leichten Gelenken festklammernd – ein robuster, sturmertragender Bergsteigerbaum, der von Sonne und Schnee lebt und mit dieser Ernährung vielleicht mehr als tausend Jahre lang gesund blieb.

Oben am oberen Ende des Beckens sehe ich Gruppen von Kuppeln, die sich über die wellenförmigen Bergrücken erheben, und einige malerische, zinnenbewehrte Massen sowie dunkle Streifen und Flecken von Weißtannen, die auf fruchtbare Bodenablagerungen hinweisen. Ich wünschte, ich hätte die Zeit, sie zu studieren! Was für lohnende Ausflüge könnte man in diesem wohldefinierten Becken machen! Seine Gletscherinschriften und Skulpturen, wie wunderbar scheinen sie, wie edel sind die Studien, die sie bieten! Ich zittere vor Aufregung im Morgengrauen dieser herrlichen Bergerhabenheiten, aber ich kann nur blicken und staunen und wie ein Kind hier und da eine Lilie pflücken, halb in der Hoffnung, dass ich in den kommenden Jahren studieren und lernen kann.

Die Treiber und Hunde hatten große Mühe, die Schafe über den Bach zu treiben. Dies war bereits der zweite große Bach, den sie ohne Brücke überqueren mussten. Der erste Bach war der North Fork des Merced in der Nähe der Bower Cave. Männer und Hunde trieben die scheuen, wasserscheuen Tiere in dichtem Pulk schreiend und bellend gegen das Ufer, aber kein einziges Tier wollte sich losreißen. In diesem Moment stürmten der Don und der Hirte durch die verängstigte Menge, um die vor ihnen liegenden Tiere in Panik zu versetzen. Dies führte jedoch nur zu einer Unterbrechung der Herde, und die Schafe huschten durch die Bäume am Bachufer und zerstreuten sich über den steinigen Boden. Dann wurden die Ausreißer mit Hilfe der Hunde wieder zusammengetrieben und zum Bach getrieben, und wieder löste sich die dicht gedrängte Masse unter wildem Schreien und Bellen, das den Bach selbst aufwühlen und die Musik seiner Wasserfälle übertönen könnte, der Besucher aus allen Teilen der Welt lauschten. „Haltet sie dort! Jetzt haltet sie dort!", rief der Don. „Die vordersten Reihen werden des Drucks bald müde und freuen sich, ins Wasser zu gehen, dann werden alle hineinspringen und in aller Eile hinübergehen." Aber sie taten nichts dergleichen; sie entgingen dem Druck nur, indem sie zu Dutzenden und Hunderten zurückwichen und die Schönheit der Ufer traurig zertrampelt zurückließen.

Wenn man nur eines dazu bringen konnte, hinüberzugehen, eilten alle herbei, aber dieses eine war nicht zu finden. Ein Lamm wurde gefangen, hinübergetragen und an einen Busch am gegenüberliegenden Ufer gebunden, wo es kläglich nach seiner Mutter schrie. Aber obwohl die Mutter sehr besorgt war, rief sie es nur zurück. Dieses Spiel mit der mütterlichen Zuneigung schlug fehl, und wir begannen zu befürchten, dass wir gezwungen sein würden, einen langen Umweg zu machen und die weitläufigen Nebenflüsse des Baches nacheinander zu überqueren. Das würde mehrere Tage dauern, hatte aber seine Vorteile, denn ich wollte unbedingt die Quellen eines so berühmten Baches sehen. Don Quijote jedoch entschied, dass sie genau hier durchqueren mussten, und begann sofort eine Art Belagerung, indem er schlanke Kiefern am Ufer fällte und einen Pferch errichtete, der kaum groß genug war, um die Herde aufzunehmen, wenn sie gut zusammengedrängt war. Und da der Bach eine Seite des Pferches bilden würde, glaubte er, dass sie leicht ins Wasser getrieben werden könnten.

In wenigen Stunden war die Einzäunung fertig, und die dummen Tiere wurden hineingetrieben und hart gegen den Rand der Furt gerammt. Dann bahnte sich der Don einen Weg durch die dichte Masse und warf einige der verängstigten Unglücklichen mit aller Kraft in den Bach; doch anstatt hinüberzugehen, schwammen sie dicht am Ufer herum und versuchten verzweifelt, wieder zur Herde zu gelangen. Dann wurden ein Dutzend oder mehr abgestoßen, und der Don, groß wie ein Kranich und ein guter natürlicher Watvogel, sprang ihnen nach, packte einen sich wehrenden Hammel und zog ihn ans gegenüberliegende Ufer. Doch kaum ließ er ihn los, sprang er in den Bach und schwamm zu seinen verängstigten Gefährten im Pferch zurück, wodurch er seine Schafnatur bewies, die so unveränderlich ist wie die Schwerkraft. Pan mit seinen Flöten hätte, fürchte ich, kein besseres Glück gehabt. Wir waren jetzt ziemlich verwirrt. Die dummen Kreaturen würden lieber jeden Tod erleiden, als diesen Bach zu überqueren. Der triefende Don berief eine Ratsversammlung ein und erklärte, dass Verhungern jetzt die einzig mögliche Lösung sei und dass wir ebenso gut hier in aller Ruhe lagern und die belagerte Herde hungrig und kühl werden und zur Besinnung kommen lassen könnten, wenn sie denn überhaupt welche hätte. Wenige Minuten nachdem wir so in Ruhe gelassen worden waren, stürzte sich ein Abenteurer in der vordersten Reihe ins Wasser und schwamm tapfer zum anderen Ufer. Dann stürzten sich plötzlich alle Hals über Kopf aufeinander und trampelten einander unter Wasser nieder, während wir vergeblich versuchten, sie zurückzuhalten. Der Don sprang in die dichteste der keuchenden, gurgelnden, ertrinkenden Masse und schob sie nach rechts und links, als wäre jedes Schaf ein Stück treibendes Holz. Die Strömung trug auch dazu bei, sie auseinander zu treiben; bald bildete sich eine lange, gebogene Säule, und nach wenigen Minuten waren alle da und begannen zu blöken und zu fressen, als wäre nichts Ungewöhnliches geschehen. Dass keiner ertrank, scheint wunderbar. Ich erwartete voll und ganz, dass Hunderte das romantische Schicksal erleiden würden, über den höchsten Wasserfall der Welt in den Yosemite-Nationalpark geschwemmt zu werden.

Da der Tag schon weit fortgeschritten war, schlugen wir unser Lager ein Stück von der Furt entfernt auf und ließen die triefende Herde sich zerstreuen und bis zum Sonnenuntergang fressen. Die Wolle ist jetzt trocken, und über die gemütliche Herde hat sich eine ruhige, wiederkäuende Ruhe gelegt, die keine Spur des Wasserkampfes hinterlassen hat. Ich habe gesehen, wie Fische mit weniger Aufwand aus dem Wasser getrieben wurden, als man diese Tiere hineintrieb. Schafshirne müssen doch ein armseliges Zeug sein. Vergleichen Sie die heutige Vorführung mit den Darbietungen von Hirschen, die ruhig über breite und reißende Flüsse und von Insel zu Insel in Meeren und Seen schwimmen; oder mit Hunden oder sogar mit den Eichhörnchen, die, wie die Geschichte erzählt, den Mississippi auf ausgewählten Spänen überqueren, mit Schwänzen als Segel, die bequem im Wind getrimmt sind. Ein Schaf kann man kaum als Tier bezeichnen; es braucht eine ganze Herde, um ein törichtes Individuum zu erschaffen.

KAPITEL V

DER YOSEMITE

15. Juli. Ich bin dem Mono Trail den östlichen Rand des Beckens hinauf bis fast zum Gipfel gefolgt, bin dann nach Süden in ein kleines flaches Tal abgebogen, das sich bis zum Rand des Yosemite erstreckt, das wir gegen Mittag erreichten und unser Lager aufschlugen. Nach dem Mittagessen eilte ich auf eine Anhöhe und hatte von der Spitze des Gebirgskamms auf der Westseite des Indian Canyon die herrlichste Aussicht auf die Gipfel, die ich je genossen habe. Fast das gesamte obere Becken des Merced war zu sehen, mit seinen erhabenen Kuppeln und Canyons, dunklen, sich emporziehenden Wäldern und der herrlichen Reihe weißer Gipfel tief im Himmel, wobei jeder Aspekt glühte und Schönheit ausstrahlte, die uns in Fleisch und Knochen strömte wie Hitzestrahlen von Feuer. Überall Sonnenschein; kein Lüftchen, das die brütende Ruhe stören könnte. Nie zuvor hatte ich eine so herrliche Landschaft gesehen, eine so grenzenlose Fülle erhabener Bergschönheit. Die extravaganteste Beschreibung, die ich von diesem Anblick jemandem geben könnte, der nicht mit eigenen Augen ähnliche Landschaften gesehen hat, würde nicht einmal ihre Erhabenheit und die spirituelle Glut andeuten, die sie umgab. Ich schrie und gestikulierte in einem wilden Ausbruch der Ekstase, sehr zum Erstaunen des heiligen Bernard Carlo, der auf mich zugerannt kam und in seinen intelligenten Augen eine verwirrte Besorgnis zum Ausdruck brachte, die sehr lächerlich war und mich zur Besinnung brachte. Auch ein Braunbär, so schien es, war Zuschauer meiner Show gewesen, denn ich war nur wenige Meter gegangen, als ich einen aus einem Dickicht aufschreckte. Er hielt mich offensichtlich für gefährlich, denn er rannte sehr schnell davon und stürzte in seiner Eile über die Wipfel der Manzanita-Büsche. Carlo wich zurück, mit angelegten Ohren, als hätte er Angst, und sah mir unentwegt ins Gesicht, als erwarte er, dass ich ihn verfolge und schieße, denn er hatte in seinem Leben schon viele Bärenkämpfe gesehen.

Ich folgte dem Grat, der sich allmählich nach Süden neigte, und gelangte schließlich an die Kante jener massiven Klippe, die zwischen Indian Cañon und Yosemite Falls steht, und hier kam das weithin berühmte Tal plötzlich fast in seiner ganzen Ausdehnung in Sicht. Die edlen Mauern – geformt in eine endlose Vielfalt von Kuppeln und Giebeln, Türmen und Zinnen und schlichten Felswänden – erzitterten alle im Donner des herabstürzenden Wassers. Der ebene Boden schien wie ein Garten angelegt – hier und da sonnige Wiesen und Kiefern- und Eichenhaine; der Fluss der Barmherzigkeit floss majestätisch durch sie hindurch und reflektierte die Sonnenstrahlen. Der große Tissiack oder Halbdom, der sich am oberen Ende des Tals bis zu einer Höhe von fast einer Meile erhebt, ist edel proportioniert und lebensecht, der eindrucksvollste aller Felsen, der den Blick in andächtige Bewunderung zieht und ihn immer wieder von Wasserfällen oder Wiesen oder sogar den Bergen dahinter zurückruft – wunderbare Klippen, wunderbar in ihrer schwindelerregenden Tiefe und Skulptur, Beispiele der Beständigkeit. Tausende von Jahren standen sie im Himmel und waren Regen, Schnee, Frost, Erdbeben und Lawinen ausgesetzt, und doch tragen sie immer noch die Blüte der Jugend.

Ich wanderte den Talrand nach Westen entlang; der größte Teil des Tals ist am Rand abgerundet, so dass es nicht leicht ist, Stellen zu finden, von denen man die Wand bis zum Grund hinunterblicken kann. Als ich solche Stellen gefunden hatte und meine Füße vorsichtig aufgesetzt und meinen Körper aufgerichtet hatte, konnte ich die leichte Angst nicht unterdrücken, dass der Fels absplittern und mich hinunterstoßen könnte, und was für ein Abgrund! – mehr als 3000 Fuß. Trotzdem zitterten meine Glieder nicht, und ich hatte auch nicht die geringste Unsicherheit, was ich auf sie setzen sollte. Meine einzige Angst war, dass eine Granitsplitter, die an einigen Stellen mehr oder weniger offene Fugen aufwies und parallel zur Felswand verlief, nachgeben könnte. Nachdem ich mich von solchen Stellen zurückgezogen hatte, sagte ich mir, aufgeregt über die Aussicht, die ich gehabt hatte: „Jetzt geh nicht wieder an den Rand hinaus.“ Aber angesichts der Landschaft von Yosemite ist vorsichtiges Bedenken vergeblich; unter ihrem Zauber scheint der Körper mit einem Willen dorthin zu gehen, wohin er will, über den wir kaum Kontrolle zu haben scheinen.

Nach ungefähr einer Meile dieser denkwürdigen Felswand näherte ich mich dem Yosemite Creek und bewunderte seine lockeren, anmutigen, selbstbewussten Bewegungen, während er tapfer in seinem schmalen Kanal vorankommt und auf dem Weg zu seinem Schicksal die letzten seiner Berglieder singt – noch ein paar Ruten über den glänzenden Granit, dann eine halbe Meile in prächtigem Schaum hinunter in eine andere Welt, um sich im Merced zu verlieren, wo Klima, Vegetation und Bewohner alle anders sind. Aus seiner letzten Schlucht kommend gleitet er in breiten, spitzenartigen Stromschnellen einen sanften Abhang hinunter in ein Becken, wo er zu ruhen und sein graues, aufgewühltes Wasser zu beruhigen scheint, bevor er den großen Sprung wagt, dann langsam über den Rand des Beckens gleitet, mit schnell beschleunigter Geschwindigkeit einen weiteren glänzenden Abhang hinunter zum Rand der gewaltigen Klippe stürzt und mit erhabener, schicksalshafter Zuversicht frei in die Luft springt.

Ich zog Schuhe und Strümpfe aus und arbeitete mich vorsichtig neben der reißenden Flut nach unten, wobei ich meine Füße und Hände fest auf den polierten Fels drückte. Das dröhnende, tosende Wasser, das dicht an meinem Kopf vorbeirauschte, war sehr aufregend. Ich hatte erwartet, dass die abfallende Kante mit der senkrechten Wand des Tals enden würde und dass ich mich vom Fuße der Kante, wo sie weniger steil ist, weit genug hinauslehnen könnte, um die Formen und das Verhalten des Wasserfalls bis ganz nach unten zu sehen. Aber ich stellte fest, dass es noch eine weitere kleine Kante gab, über die ich nicht sehen konnte und die für menschliche Füße zu steil zu sein schien. Als ich sie aufmerksam absuchte, entdeckte ich am äußersten Rand eine schmale, etwa drei Zoll breite Kante, gerade breit genug, um die Fersen darauf abzustellen. Aber es schien keine Möglichkeit zu geben, sie über eine so steile Kante zu erreichen. Schließlich, nach sorgfältiger Untersuchung der Oberfläche, fand ich in einiger Entfernung vom Rand des Sturzbachs die unregelmäßige Kante einer Felsflocke. Wenn ich überhaupt bis zum Rand hinunterkommen wollte, war diese raue Kante, die vielleicht leichte Griffe bot, der einzige Weg. Aber der Abhang daneben sah gefährlich glatt und steil aus, und die rasch tosende Flut unter, über und neben mir war sehr nervenaufreibend. Ich beschloss daher, mich nicht weiter vorzuwagen, tat es aber trotzdem. In Felsspalten in der Nähe wuchsen Büschel von Artemisia, und ich füllte meinen Mund mit den bitteren Blättern, in der Hoffnung, sie könnten helfen, Schwindelgefühle zu vermeiden. Dann kroch ich mit einer Vorsicht, die man unter normalen Umständen nicht kennt, sicher auf den kleinen Felsvorsprung hinunter, stellte meine Fersen fest darauf und schlurfte dann in horizontaler Richtung zwanzig oder dreißig Fuß weit, bis ich nahe an die herausstürzende Strömung kam, die, als sie so weit heruntergekommen war, bereits weiß war. Hier bot sich mir eine vollkommen freie Sicht hinunter ins Herz der schneeweißen, singenden Schar kometenartiger Strömungen, in die sich der Körper des Wasserfalls bald aufspaltet.

Während ich in dieser schmalen Nische saß, war ich mir der Gefahr nicht deutlich bewusst. Die enorme Erhabenheit des Sturzes in Form, Klang und Bewegung, die aus nächster Nähe stattfand, erstickte das Gefühl der Angst, und an solchen Orten achtet der Körper aus eigener Kraft sehr auf seine Sicherheit. Wie lange ich dort unten blieb oder wie ich zurückkehrte, kann ich kaum sagen. Jedenfalls hatte ich eine herrliche Zeit und kam gegen Einbruch der Dunkelheit zum Lager zurück, wo ich triumphierende Erheiterung genoss, der bald eine dumpfe Müdigkeit folgte. Von nun an werde ich versuchen, mich von solchen extravaganten, nervenaufreibenden Orten fernzuhalten. Doch ein solcher Tag ist es wert, sich dorthin zu wagen. Mein erster Blick auf die High Sierra, der erste Blick hinunter nach Yosemite, das Todeslied des Yosemite Creek und sein Flug über die gewaltige Klippe, jedes davon ist für sich genommen genug für ein großes lebenslanges Landschaftserlebnis – ein unvergesslicher Tag aller Tage – ein Vergnügen, das man töten könnte, wenn das möglich wäre.

16. Juli. Meine Freude gestern Nachmittag, besonders am Fuße des Wasserfalls, war zu groß für einen guten Schlaf. Letzte Nacht bin ich immer wieder mit nervösem Zittern aufgeschreckt, halb wach, weil ich mir einbildete, das Fundament des Berges, auf dem wir lagerten, sei nachgegeben und würde ins Yosemite Valley stürzen. Vergeblich raffte ich mich auf, um wieder tief einzuschlafen. Die Nervenanspannung war zu groß gewesen, und immer wieder träumte ich, ich raste durch die Luft über einer herrlichen Lawine aus Wasser und Steinen. Einmal sprang ich auf und sagte: „Diesmal ist es wahr – alle müssen sterben, und wo könnte ein Bergsteiger einen herrlicheren Tod finden!"

Habe das Lager bald nach Sonnenaufgang für eine ganztägige Wanderung nach Osten verlassen. Habe die Spitze des Indian Basin überquert, die mit *Abies magnifica bewaldet ist* , Unterholz hauptsächlich aus *Ceanothus cordulatus* und Manzanita, eine Mischung, die nicht leicht zertrampelt oder durchdrungen werden kann, da der Ceanothus dornig ist und in dichten, schneebedeckten Massen wächst und die Manzanita äußerst krumme, störrische Zweige hat. Von der Spitze des Cañons ging es weiter am North Dome vorbei in das Becken des Dome oder Porcupine Creek. Hier gibt es viele schöne, in die Wälder eingebettete Wiesen, bunt mit *Lilium parvum* und ihren Gefährten; die Höhe von etwa 2.400 Metern scheint dafür am besten geeignet zu sein – habe Exemplare gesehen, die einen oder zwei Fuß höher waren als mein Kopf. Hatte weitere herrliche Ausblicke auf die höheren Berge und den großen South Dome, von dem es heißt, er sei der gewaltigste Felsen der Welt. Gut möglich, dass er das ist, da er so edel aussieht und eine so edle Formgebung hat. Ein wunderbar eindrucksvolles Denkmal, dessen Linien von exquisiter Feinheit sind und das trotz seiner erhabenen Größe wie ein erlesenes Kunstwerk vollendet ist und lebendig zu sein scheint.

17. Juli. Heute wurde in einem prächtigen Weißtannenhain an der Quelle eines kleinen Baches, der über den Indian Cañon in den Yosemite-Nationalpark fließt, ein neues Lager aufgeschlagen. Hier wollen wir mehrere Wochen bleiben – ein schöner Ausgangspunkt für Ausflüge in das große Tal und seine Quellen. Ich werde herrliche Tage damit verbringen, zu skizzieren, Pflanzen zu pressen, die wunderbare Topographie und die wilden Tiere zu studieren, unsere glücklichen Mitmenschen und Nachbarn. Aber die riesigen Berge in der Ferne – werde ich sie jemals kennenlernen, wird es mir erlaubt sein, in ihre Mitte zu treten und bei ihnen zu wohnen?

> Die Nord- und Südkuppel

Gegen Mittag wurden wir von einem kurzen, heftigen Regenschauer heimgesucht, dessen erhabenes Donnern zwischen den Bergen und Schluchten widerhallte – einige Blitze krachten und hallten mit erschreckender Schärfe in der gespannten, frischen Luft wider, während die fernen Gipfel herrlich durch die Wolkenränder und Regenschichten ragten. Jetzt ist der Sturm vorüber und die frische, gewaschene Luft ist erfüllt vom Duft der Blumengärten und Haine. Winterstürme im Yosemite müssen herrlich sein. Darf ich sie sehen!

Habe mein Bett in unserem neuen Lager gemacht – plüschig, üppig und herrlich duftend, größtenteils natürlich *Magnifica* -Tannenfedern, mit einer Vielzahl süßer Blumen im Kissen. Hoffe, heute Nacht ohne wankelmütige Nerventräume schlafen zu können. Habe ein Reh beobachtet, das Ceanothus-Blätter und -Zweige fraß.

18. Juli. Ich habe ziemlich gut geschlafen; die Talwände schienen nicht einzustürzen, obwohl ich mir immer noch vorstellte, ich stünde am Rande, neben der weißen, stürzenden Flut, besonders im Halbschlaf. Seltsam, dass die Gefahr dieses Abenteuers jetzt, da ich im Schoß der friedlichen Wälder bin, eine Meile oder mehr vom Wasserfall entfernt, noch beunruhigender ist als damals, als ich am Rande des Wasserfalls war.

Den Spuren nach zu urteilen, scheinen Bären hier häufig zu sein. Gegen Mittag gab es einen weiteren Regenschauer mit scharfem, aufsehenerregendem Donner, dessen metallische, klingende, klirrende, scheppernde Töne allmählich in tiefe Bässe übergingen, die in der Ferne rollten und murmelten. Ein paar Minuten lang regnete es in einem gewaltigen Sturzbach wie ein Wasserfall, dann hagelte es; einige der Hagelkörner waren einen Zoll im Durchmesser, hart, eisig und unregelmäßig geformt, wie man sie oft in Wisconsin sieht. Carlo beobachtete sie mit intelligentem Erstaunen, als sie durch die zitternden Zweige der Bäume prasselten und schlugen. Die Wolkenlandschaft erhaben. Der Nachmittag war ruhig, sonnig und klar, mit köstlicher Frische und dem Duft der Tannen und Blumen und des dampfenden Bodens.

19. Juli. Den Tagesanbruch und Sonnenaufgang beobachten. Der blassrosa und violette Himmel wechselt sanft zu Narzissengelb und -weiß, Sonnenstrahlen strömen durch die Pässe zwischen den Gipfeln und über die Yosemite-Kuppeln und bringen ihre Ränder zum Brennen; die Weißtannen im Mittelgrund fangen das Glühen auf ihren spitzen Spitzen ein, und unser Lagerhain füllt sich und erzittert mit dem herrlichen Licht. Alles erwacht aufmerksam und freudig; die Vögel beginnen sich zu regen, und unzählige Insektenvölker. Rehe ziehen sich ruhig in blätterreiche Verstecke im Chaparral zurück; der Tau verschwindet, Blumen breiten ihre Blütenblätter aus, jeder Puls schlägt hoch, jede Lebenszelle freut sich, selbst die Felsen scheinen vor Leben zu erzittern. Die ganze Landschaft leuchtet wie ein menschliches Gesicht in einem Glanz der Begeisterung, und der blaue Himmel, blass um den Horizont, neigt sich friedlich über alles wie eine riesige Blume.

Gegen Mittag begannen wie üblich große, steile Wolkenhaufen über dem Wald zu wachsen, und der Regensturm, der aus ihnen herausströmte, war der imposanteste, den ich je gesehen habe. Die silbernen, zickzackförmigen Blitze sind länger als gewöhnlich, und der Donner ist herrlich eindrucksvoll, scharf, krachend, hoch konzentriert und spricht mit einer so gewaltigen Energie, dass es scheint, als würde bei jedem Schlag ein ganzer Berg zerschmettert, aber wahrscheinlich werden nur ein paar Bäume zerschmettert, von denen ich viele auf meinen Spaziergängen hier in der Gegend auf dem Boden liegen sah. Schließlich werden die klaren, klingenden Schläge von tiefen, tiefen Tönen abgelöst, die allmählich schwächer werden, während sie weit in die Tiefen der widerhallenden Berge rollen, wo sie anscheinend willkommen geheißen werden. Dann folgt in schneller Folge ein weiterer Schlag oder vielmehr ein krachender, splitternder Schlag, der vielleicht eine riesige Kiefer oder Tanne von oben bis unten in lange Streifen und Splitter spaltet und sie in alle Himmelsrichtungen verstreut. Nun setzt der Regen ein, mit entsprechend extravaganter Pracht, und bedeckt den Boden hoch und tief mit einer Schicht fließenden Wassers, einem durchsichtigen Film, der sich wie eine Haut über die zerklüftete Anatomie der Landschaft legt, die Felsen glitzern und glühen lässt, sich in den Schluchten sammelt, die Ströme überflutet und sie mit ihrem Schreien und Dröhnen auf den Donner antworten lässt.

Wie interessant, die Geschichte eines einzelnen Regentropfens nachzuverfolgen! Wie wir gesehen haben, ist es geologisch gesehen noch nicht lange her, dass die ersten Regentropfen auf die neugeborenen, blattlosen Landschaften der Sierra fielen. Wie anders ist das Los derer, die jetzt fallen! Seltsam sind die Regenschauer, die auf eine so schöne Wildnis fallen – kaum ein Tropfen kann ohne einen schönen Fleck auskommen –, auf die Gipfel, auf die glänzenden Gletscherpflaster, auf die großen glatten Kuppeln, auf Wälder und Gärten und buschige Moränen, plätschernd, glitzernd, prasselnd, sprudelnd. Manche gehen zu den hohen schneebedeckten Quellen, um ihre wohlgehüteten Vorräte anschwellen zu lassen; manche in die Seen, waschen die Bergfenster, klopfen auf ihre glatten, glasigen Ebenen, bilden Grübchen, Blasen und Gischt; manche in die Wasserfälle und Kaskaden, als wollten sie sich ihrem Tanz und Gesang anschließen und ihren Schaum noch feiner schlagen; Viel Glück und gute Arbeit für die glücklichen Bergregentropfen, von denen jeder ein hoher Wasserfall ist, der von den Klippen und Tälern der Wolken zu den Klippen und Tälern der Felsen herabfällt, aus dem Himmelsdonner in das Donnern der fallenden Flüsse. Einige fallen auf Wiesen und Sümpfe, kriechen lautlos außer Sichtweite zu den Graswurzeln, verstecken sich sanft wie in einem Nest, rutschen, sickern hierhin und dorthin, suchen und finden ihre Aufgabe. Einige fallen durch die Türme der Wälder herab, sprühen Gischt durch die glänzenden Nadeln und flüstern jedem von ihnen Frieden und gute Laune zu. Einige Tropfen glitzern mit glücklichem Ziel an den Seiten von Kristallen – Quarz, Hornblende, Granat, Zirkon, Turmalin, Feldspat –, prasseln auf Goldkörner und schwere, vom Weg abgenutzte Nuggets; andere fallen mit stumpfem Platsch und tiefem Basstrommeln auf die breiten Blätter von Veratrum, Steinbrech und Cypripedium. Einige glückliche Tropfen fallen geradewegs in die Blütenkelche und küssen die Lippen der Lilien. Wie weit müssen sie gehen, wie viele Kelche müssen gefüllt werden, große und kleine, Zellen, die zu klein sind, um gesehen zu werden, Kelche, die einen halben Tropfen fassen, sowie Seebecken zwischen den Hügeln, jedes mit gleicher Sorgfalt aufgefüllt, jeder Tropfen in der ganzen gesegneten Schar ein silberner neugeborener Stern mit See und Fluss, Garten und Hain, Tal und Berg, alles, was die Landschaft birgt, spiegelt sich in ihren kristallenen Tiefen, Gottes Bote, Engel der Liebe, auf den Weg geschickt mit Majestät und Pomp und Machtdemonstration, die die größten Shows des Menschen lächerlich machen.

Nun ist der Sturm vorüber, der Himmel ist klar, die letzte rollende Donnerwelle hat sich auf den Gipfeln erschöpft, und wo sind jetzt die Regentropfen – was ist aus all der glänzenden Schar geworden? In aufsteigendem geflügeltem Dampf eilen einige bereits zurück zum Himmel, einige sind in die Pflanzen gegangen, kriechen durch unsichtbare Türen in die runden Räume der Zellen, einige sind in Eiskristallen eingeschlossen, einige in Bergkristallen, einige in porösen Moränen, um ihre kleinen Quellen am Fließen zu halten, einige sind auf den Flüssen weitergereist, um sich den größeren Regentropfen des Ozeans anzuschließen. Von Form zu Form, von Schönheit zu Schönheit, immer im Wandel, niemals ruhend, alle eilen mit der Begeisterung der Liebe voran und singen mit den Sternen das ewige Lied der Schöpfung.

20. Juli. Ein schöner, ruhiger Morgen; die Luft ist gespannt und klar; nicht der geringste Windhauch weht; alles glänzt, die Felsen mit nassen Kristallen, die Pflanzen mit Tau, jede erhält ihre Portion irisfarbener Tautropfen und Sonnenschein wie Lebewesen, die ihr Frühstück einnehmen, deren Taumanna wie Schwärme kleinerer Sterne vom Sternenhimmel herabfällt. Wie wunderbar fein sind die Partikel in den Tauschauern, Tausende sind für einen einzigen Tropfen erforderlich, der im Dunkeln so still wächst wie das Gras! Welche Mühen werden auf sich genommen, um diese Wildnis gesund zu erhalten – Schneeschauer, Regenschauer, Tauschauer, Lichtfluten, Fluten unsichtbaren Dampfes, Wolken, Winde, alle Arten von Wetter, Wechselwirkungen zwischen Pflanzen, Tieren usw., unvorstellbar! Wie meisterhaft sind die Methoden der Natur! Wie tief ist Schönheit überzogen mit Schönheit! Der Boden ist mit Kristallen bedeckt, die Kristalle mit Moosen und Flechten und niedrig wachsenden Gräsern und Blumen, diese mit größeren Pflanzen, Blatt über Blatt mit ständig wechselnder Farbe und Form, die breiten Palmen der Tannen breiten sich darüber aus, über allem wölbt sich die azurblaue Kuppel wie eine Glockenblume und ein Stern über dem anderen.

Dort drüben steht der Süddom, seine Krone hoch über unserem Lager, obwohl sein Sockel viertausend Fuß unter uns liegt; ein höchst edler Felsen, er scheint voller Gedanken, bekleidet mit lebendigem Licht, kein Hauch von totem Stein an ihm, ganz vergeistigt, weder schwer noch leicht wirkend, standhaft in heiterer Stärke wie ein Gott.

Unser Hirte ist ein merkwürdiger Charakter und in dieser Wildnis schwer einzuordnen. Sein Bett ist eine Mulde aus rotem, verrottetem, modrigem Staub neben einem Baumstamm, der einen Teil der Südwand des Pferchs bildet. Hier liegt er in seiner wunderbaren, ewigen Kleidung, in eine rote Decke gehüllt, und atmet nicht nur den Staub des verrotteten Holzes, sondern auch den des Pferchs, als sei er entschlossen, die ganze Nacht ammoniakhaltigen Schnupftabak zu nehmen, nachdem er den ganzen Tag Tabak gekaut hat. Hinter den Schafen trägt er auf der einen Seite einen schweren Sechsschüsser, der an seinem Gürtel hängt, und auf der anderen sein Mittagessen. Das alte Tuch, in das das Fleisch, frisch aus der Bratpfanne, gebunden ist, dient als Filter, durch den das klare Fett und die Soße in Stalaktitenbüscheln auf seine rechte Hüfte und sein rechtes Bein tropfen. Diese ölige Formation wird jedoch bald aufgebrochen und gleichmäßig in seine spärliche Kleidung eingerieben, indem er sich hinsetzt, sich umdreht, die Beine übereinanderschlägt, während er auf Baumstämmen ruht usw., wodurch Hemd und Hose wasserdicht und glänzend werden. Insbesondere seine Hosen sind durch die Mischung aus Fett und Harz so klebrig geworden, dass Kiefernnadeln, dünne Flocken und Fasern von Rinde, Haare, Glimmerschuppen und winzige Körner aus Quarz, Hornblende usw., Federn, Samenflügel, Motten- und Schmetterlingsflügel, Beine und Fühler unzähliger Insekten oder sogar ganze Insekten wie kleine Käfer, Motten und Mücken mit Blütenblättern, Blütenstaub und tatsächlich Stückchen aller Pflanzen, Tiere und Mineralien der Region daran haften und sicher eingebettet sind, sodass er, obwohl er weit davon entfernt ist, ein Naturforscher zu sein, fragmentarische Proben von allem sammelt und reicher wird, als er weiß. Seine Proben bleiben auch einigermaßen frisch durch die Reinheit der Luft und die harzigen bituminösen Schichten, in die sie gepresst werden. Der Mensch ist ein Mikrokosmos, zumindest unser Hirte oder vielmehr seine Hosen. Diese kostbaren Overalls werden nie ausgezogen, und niemand weiß, wie alt sie sind, obwohl man es anhand ihrer Dicke und konzentrischen Struktur erraten kann. Anstatt dünner zu werden, werden dickere Schichten gebildet, und ihre Schichtung ist von nicht geringer geologischer Bedeutung.

Billy hütet nicht nur die Schafe, sondern ist auch der Metzger, während ich mich bereit erklärt habe, die wenigen Eisen- und Blechutensilien zu waschen und das Brot zu backen. Wenn diese kleinen Pflichten erledigt sind, bin ich, wenn die Sonne schon ziemlich weit über den Berggipfeln steht, hinter der Herde und kann die ganzen großen, unsterblichen Tage in der Wildnis umherziehen und schwelgen.

Skizzieren auf dem North Dome. Von hier aus hat man einen Blick auf fast das ganze Tal und auf einige der hohen Berge. Ich würde gern alles zeichnen, was in Sichtweite ist – Felsen, Bäume und Blätter. Aber ich kann kaum mehr

tun als bloße Umrisse – Markierungen mit Bedeutungen wie Wörter, die nur
für mich selbst lesbar sind –, doch ich spitze meine Bleistifte und arbeite
weiter, als ob andere möglicherweise davon profitieren könnten. Ob diese
Bildblätter wie gefallene Blätter verschwinden oder wie Briefe an Freunde
gehen, spielt keine große Rolle; denn sie können denen wenig sagen, die nicht
selbst ähnliche Wildnis gesehen und wie eine Sprache gelernt haben. Kein
Schmerz hier, keine trüben, leeren Stunden, keine Angst vor der
Vergangenheit, keine Angst vor der Zukunft. Diese gesegneten Berge sind
so dicht mit Gottes Schönheit gefüllt, dass keine kleinliche persönliche
Hoffnung oder Erfahrung Platz hat. Das Trinken dieses Champagnerwassers
ist pures Vergnügen, ebenso das Einatmen der lebendigen Luft, und jede
Bewegung der Glieder ist ein Vergnügen, während der ganze Körper
Schönheit zu empfinden scheint, wenn er ihr ausgesetzt ist, wie er das
Lagerfeuer oder das Sonnenlicht spürt, das nicht nur durch die Augen
eindringt, sondern gleichermaßen durch das ganze Fleisch wie strahlende
Hitze, und ein leidenschaftliches, ekstatisches Lustglühen erzeugt, das nicht
erklärbar ist. Der Körper scheint dann durch und durch homogen, gesund
wie ein Kristall. Wie eine Fliege auf dieser Yosemite-Kuppel sitzend, schaue
ich und skizziere und sonne mich, lasse mich oft in stumme Bewunderung
nieder, ohne konkrete Hoffnung, jemals viel zu lernen, aber mit der
sehnsüchtigen, unermüdlichen Anstrengung, die an der Tür der Hoffnung
liegt, demütig niedergeworfen vor der gewaltigen Entfaltung der Macht
Gottes und begierig, Selbstverleugnung und Entsagung mit ewiger Mühe
anzubieten, um jede Lektion aus dem göttlichen Manuskript zu lernen.

Es ist leichter, die Erhabenheit des Yosemite zu spüren als zu begreifen oder
in irgendeiner Weise zu erklären. Die Größe der Felsen, Bäume und Flüsse
ist so fein aufeinander abgestimmt, dass sie größtenteils verborgen bleibt.
Dreitausend Fuß hohe Steilhänge sind von hohen Bäumen gesäumt, die
dicht wie Gras auf der Kuppe eines Tieflandhügels wachsen, und am Fuße
dieser Steilhänge erstreckt sich ein eine Meile breiter und sieben oder acht
Meilen langer Streifen Wiese, der aussieht wie ein Streifen, den ein Bauer in
weniger als einem Tag mähen könnte. Wasserfälle, fünfhundert bis ein- oder
zweitausend Fuß hoch, sind den mächtigen Klippen, über die sie strömen,
so untergeordnet, dass sie wie Rauchschwaden wirken, sanft wie schwebende
Wolken, obwohl ihre Stimmen das Tal erfüllen und die Felsen erzittern
lassen. Auch die Berge am östlichen Himmel und die Kuppeln davor und die
Abfolge der sanften, abgerundeten Wellen dazwischen, die immer höher
anschwellen, mit dunklen Wäldern in ihren Senken, heiter in massiver,
üppiger Masse und Schönheit, neigen noch mehr dazu, die Erhabenheit des
Yosemite-Tempels zu verbergen und ihn als ein untergeordnetes,
untergeordnetes Merkmal der weitläufigen, harmonischen Landschaft
erscheinen zu lassen. So wird jeder Versuch, ein Merkmal zu würdigen, durch
den überwältigenden Einfluss aller anderen zunichte gemacht. Und als ob

dies nicht genug wäre, siehe da! Am Himmel erhebt sich eine weitere Bergkette mit einer Topographie, die ebenso schroff und massiv aussieht wie die darunter – schneebedeckte Gipfel und Kuppeln und schattige Yosemite-Täler – eine andere Version der schneebedeckten Sierra, eine neue Schöpfung, die von einem Gewitter angekündigt wird. Wie wild und hingebungsvoll ist die Natur inmitten ihrer Schönheit liebenden Zärtlichkeit! – sie malt Lilien, gießt sie, streichelt sie mit sanfter Hand, geht von Blume zu Blume wie ein Gärtner, während er Felsberge und Wolkenberge voller Blitze und Regen baut. Gerne suchen wir Schutz unter einer überhängenden Klippe und untersuchen die beruhigenden Farne und Moose, sanfte Liebesbeweise, die in Rissen und Spalten wachsen. Auch Gänseblümchen und Ivesien, vertrauensvolle wilde Kinder des Lichts, zu klein, um sie zu fürchten. Zu ihnen geht das Herz heim, und die Stimmen des Sturms werden sanft. Jetzt bricht die Sonne hervor und duftender Dampf steigt auf. Die Vögel singen an den Rändern der Wälder. Der Westen flammt in Gold und Purpur, bereit für die Zeremonie des Sonnenuntergangs, und ich gehe zurück zum Lager mit meinen Notizen und Bildern, die besten davon haben sich als Träume in mein Gedächtnis eingeprägt. Ein fruchtbarer Tag, ohne gemessenen Anfang oder Ende. Eine irdische Ewigkeit. Ein Geschenk des guten Gottes.

Habe meiner Mutter und ein paar Freunden geschrieben und ihnen allen Hinweise auf die Berge gegeben. Sie scheinen so nah, als ob sie in Reichweite oder Reichweite wären. Je tiefer die Einsamkeit, desto geringer das Gefühl der Einsamkeit und desto näher sind unsere Freunde. Jetzt Brot und Tee, ein festes Bett und gute Nacht für Carlo, ein Blick auf die Himmelslilien und Todesschlaf bis zum Morgengrauen einer neuen Sierra.

21. Juli. Skizzieren auf der Kuppel – kein Regen; gegen Viertel mittags war der Himmel mit Wolken bedeckt, die schöne Schatten auf die weißen Berge an den Quellen der Flüsse warfen und während der warmen Stunden eine wohltuende Decke über den Gärten bildeten.

Sah eine Stubenfliege, eine Heuschrecke und einen Braunbären. Die Fliege und die Heuschrecke statteten mir oben auf dem Dome einen fröhlichen Besuch ab, und ich stattete dem Bären mitten auf einer kleinen Gartenwiese zwischen dem Dome und dem Lager einen Besuch ab, wo er wachsam zwischen den Blumen stand, als wollte er gesehen werden. Ich war heute Morgen noch nicht mehr als eine halbe Meile vom Lager entfernt, als Carlo, der ein paar Meter vor mir hertrabte, plötzlich und vorsichtig stehen blieb. Schwanz und Ohren gingen nach unten und seine wissende Nase nach vorne, während er zu sagen schien: „Ha, was ist das? Ein Bär, schätze ich." Dann ein vorsichtiges Vorrücken von ein paar Schritten, wobei er seine Füße sanft aufsetzte wie eine jagende Katze und die Luft nach der Witterung abfragte, die er aufgenommen hatte, bis alle Zweifel verschwunden waren. Dann kam er zu mir zurück, sah mir ins Gesicht und meldete mit seinen sprechenden Augen, dass ein Bär in der Nähe sei; dann ging er leise weiter, darauf bedacht, wie ein erfahrener Jäger, nicht das geringste Geräusch zu machen; und schaute oft zurück, als würde er flüstern: „Ja, es ist ein Bär; komm, ich zeige es dir." Bald kamen wir an eine Stelle, wo die Sonnenstrahlen zwischen den violetten Stämmen der Tannen hindurchfielen, was zeigte, dass wir uns einer offenen Stelle näherten, und hier kam Carlo hinter mich, offensichtlich sicher, dass der Bär ganz in der Nähe war. Also schlich ich zu einem niedrigen Grat aus Moränenblöcken am Rand einer schmalen Gartenwiese, und auf dieser Wiese war ich ziemlich sicher, dass der Bär sein musste. Ich wollte mir den kräftigen Bergbewohner unbedingt genau ansehen, ohne ihn zu erschrecken; also richtete ich mich geräuschlos hinter einem der größten Bäume auf und spähte an seinen wulstigen Strebepfeilern vorbei, wobei ich nur einen Teil meines Kopfes freilegte, und da stand Nachbar Petz nur einen Steinwurf entfernt, seine Hüften von hohem Gras und Blumen bedeckt, und seine Vorderfüße auf dem Stamm einer Tanne, die auf die Wiese gefallen war, die seinen Kopf so hoch hob, dass er aufrecht zu stehen schien. Er hatte mich noch nicht gesehen, aber er schaute und hörte aufmerksam zu, was zeigte, dass er sich unserer Annäherung irgendwie bewusst war. Ich beobachtete seine Gesten und versuchte, meine Gelegenheit zu nutzen, so viel wie möglich über ihn zu erfahren, da ich befürchtete, er könnte mich erblicken und davonlaufen. Denn man hatte mir erzählt, dass diese Art von Bär, der Zimtbär, immer vor seinem bösen Bruder, dem Menschen, davonlief und nie kämpfte, außer wenn er verwundet war oder seine Jungen verteidigte. Er bot ein vielsagendes Bild, wie er wachsam im sonnigen Waldgarten stand. Wie gut er seine Rolle spielte, indem er in seiner Größe und Farbe und seinem zottigen Haar mit den Baumstämmen und der üppigen Vegetation harmonierte, ein ebenso natürliches Merkmal wie jedes andere in der Landschaft. Nachdem ich ihn in aller Ruhe untersucht hatte und die scharfe Schnauze bemerkte, die fragend nach vorne ragte, das lange, zottige Haar auf seiner breiten Brust, die steifen, aufrechten Ohren, die fast im Haar vergraben waren, und die langsame, schwere Art, wie er seinen Kopf bewegte, dachte ich, ich würde gern seinen Gang beim Laufen sehen, also stürzte ich mich plötzlich auf ihn, schrie und schwang meinen Hut, um ihn zu erschrecken, in der Erwartung, dass er sich beeilen würde, wegzukommen. Aber zu meinem Entsetzen rannte er nicht und zeigte auch keine Anzeichen, dass er rennen würde. Im Gegenteil, er blieb standhaft, bereit zu kämpfen und sich zu verteidigen, senkte den Kopf, streckte ihn nach vorn und sah mich scharf und grimmig an. Dann begann ich plötzlich zu befürchten, dass mir die Arbeit des Rennens zufallen würde; aber ich hatte Angst zu rennen und blieb deshalb wie der Bär standhaft. Wir standen etwa ein Dutzend Meter voneinander entfernt und starrten uns in feierlichem Schweigen an, während ich inbrünstig hoffte, dass die Macht des

menschlichen Auges über wilde Tiere sich als so groß erweisen würde, wie
es heißt. Wie lange unser schrecklich anstrengendes Gespräch dauerte, weiß
ich nicht; aber schließlich, im Lauf der Zeit, zog er seine riesigen Pfoten vom
Baumstamm herunter, drehte sich mit großartiger Überlegtheit um und ging
gemächlich die Wiese hinauf, wobei er häufig anhielt, um über die Schulter
zurückzublicken, um zu sehen, ob ich ihn verfolgte, und dann weiterging,
wobei er mich offensichtlich weder sehr fürchtete noch mir vertraute. Er
wog wahrscheinlich etwa 250 Kilo, ein breites, rostiges Bündel unbändiger
Wildheit, ein glücklicher Kerl, dessen Abstammung an schöne Orte gefallen
ist. Die Blumenwiese, in der ich ihn so gut sah, eingerahmt wie ein Bild, ist
eine der schönsten, die ich bisher entdeckt habe, ein Gewächshaus der
kostbaren Pflanzenwelt der Natur. Hohe Lilien schwangen ihre Glocken
über dem Rücken des Bären, und Geranien, Rittersporne, Akelei und
Gänseblümchen streiften seine Seiten. Ein Ort für Engel, würde man sagen,
statt für Bären.

In den großen Canyons herrscht Bruin. Ein glücklicher Kerl, den keine
Hungersnot ereilen kann, solange ihm eine seiner tausend Nahrungsmittel
erspart bleibt. Sein Brot ist zu jeder Jahreszeit sicher und auf den Berghängen
wie Vorräte in einer Speisekammer aufgereiht. Von einem zum anderen,
hinauf oder hinunter, klettert er, und probiert und genießt jedes der
verschiedenen Klimazonen, als ob er Tausende von Meilen in andere Länder
im Norden oder Süden gereist wäre, um ihre vielfältigen Produkte zu
genießen. Ich würde meine haarigen Brüder gerne besser kennenlernen –
obwohl ich, nachdem dieser spezielle Yosemite-Bär, mein direkter Nachbar,
heute Morgen außer Sichtweite geschlendert war, widerstrebend zum Lager
zurückkehrte, um das Gewehr des Dons zu holen, um ihn, falls nötig, zur
Verteidigung der Herde zu erschießen. Glücklicherweise konnte ich ihn
nicht finden, und nachdem ich ihn ein oder zwei Meilen in Richtung Mount
Hoffman verfolgt hatte, wünschte ich ihm viel Glück und kehrte gerne zu
meiner Arbeit am Yosemite Dome zurück.

Auch die Stubenfliege schien sich wohlzufühlen und schwirrte um mich
herum, als ich dasaß und zeichnete und mich an meinem Bäreninterview
erfreute, das nun vorbei war. Ich frage mich, was Stubenfliegen so weit in
die Berge zieht, obwohl sie doch sehr ekelhafte Fresser sind,
kälteempfindlich und die häusliche Bequemlichkeit lieben. Wie haben sie
sich von Kontinent zu Kontinent verbreitet, über Meere und Wüsten und
Gebirgsketten, die normalerweise so einflussreich bei der Bestimmung der
Grenzen von Arten bei Pflanzen und Tieren sind. Käfer und Schmetterlinge
sind manchmal auf kleine Gebiete beschränkt. Jeder Berg in einer
Gebirgskette und sogar die verschiedenen Zonen eines Berges können ihre
eigenen besonderen Arten haben. Aber die Stubenfliege scheint überall zu
sein. Ich frage mich, ob es auf irgendeiner Insel mitten im Ozean keine

Fliegen gibt. Die Schmeißfliege ist in diesen Wäldern von Yosemite in Hülle und Fülle vorhanden und immer bereit, mit ihrem wunderbaren Vorrat an Eiern alles tote Fleisch zum Fliegen zu bringen. Hummeln sind hier und ernähren sich gut von grenzenlosen Vorräten an Nektar und Pollen. Die Honigbiene ist zwar in den Vorgebirgen in großer Zahl vorhanden, hat es aber noch nicht so weit gebracht. Es ist erst ein paar Jahre her, dass der erste Schwarm nach Kalifornien gebracht wurde.

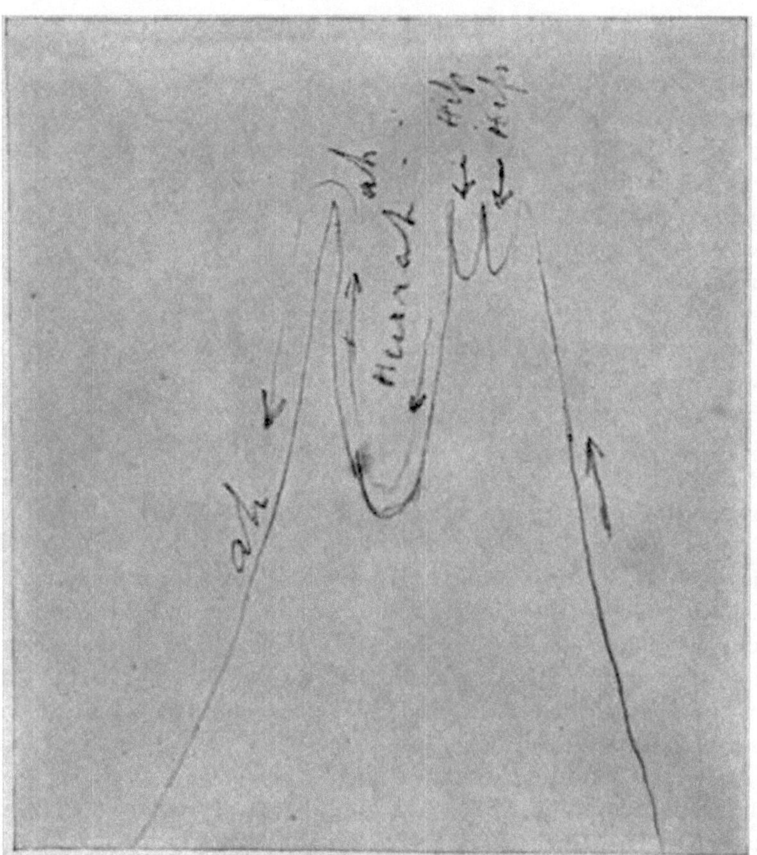

SPUR EINER SINGENDEN, TANZENDEN HEUSCHRECKE
IN DER LUFT ÜBER DEM NORTH DOME

Ein merkwürdiger und lustiger Kerl ist die Heuschrecke. Sie kommt auf Ausflüge in die Berge, ich weiß nicht, wie hoch sie kommt, aber sie kommt mindestens so weit und hoch wie die Touristen im Yosemite-Nationalpark. Ich war sehr interessiert an der ausgelassenen Freude derjenigen, die heute Nachmittag auf dem Dome für mich tanzte und sang. Sie schien voller fröhlicher, urkomischer Energie zu sein, was sich darin äußerte, dass sie bis zu einer Höhe von sechs bis sieben Metern in die Luft sprang, dann abtauchte und wieder hochsprang und ein scharfes musikalisches Rasseln von sich gab, gerade als der tiefste Punkt des Abstiegs erreicht war. Etwa ein Dutzend Mal tanzte und sang sie auf und ab, dann landete sie zum Ausruhen, dann wieder auf und davon. Die Kurven, die sie beim Abtauchen und Rasseln in der Luft beschrieb, ähnelten denen von Schnüren, die lose herabhingen und an den Enden auf gleicher Höhe befestigt waren, wobei die Schlaufen sich fast gegenseitig bedeckten. Eine mutigere, ausgelassenere, lebhaftere und unbeschwertere Lebensfreude habe ich noch nie bei einem Lebewesen gesehen oder gehört, egal ob groß oder klein. Das Leben dieses komischen Redlegs, des fröhlichsten Kindes der Berge, scheint aus purer, geballter Fröhlichkeit zu bestehen. Das Douglas-Eichhörnchen ist das einzige Lebewesen, mit dem ich es in seiner überschwänglichen, ausgelassenen, unbändigen Fröhlichkeit vergleichen kann. Es ist wunderbar, dass diese erhabenen Berge von einem so seltsamen Geschöpf so lautstark bejubelt und erheitert werden. Die Natur in ihm scheint angesichts aller irdischen Niedergeschlagenheit und Melancholie mit einem jungenhaften Hip-Hip-Hurra mit den Fingern zu schnippen. Wie dieses Geräusch entsteht, verstehe ich nicht. Wenn es auf dem Boden war, machte es nicht das geringste Geräusch, auch nicht, wenn es einfach von Ort zu Ort flog, sondern nur, wenn es in Kurven tauchte, wobei die Bewegung für das Geräusch erforderlich zu sein schien; denn je kräftiger das Tauchen, desto energischer die entsprechenden Ausbrüche fröhlichen Rassels. Ich versuchte, es genau zu beobachten, während es sich in den Pausen zwischen seinen Auftritten ausruhte; aber er ließ keine Nähe zu, machte immer seine Springbeine bereit, um sofort loszuspringen, und behielt mich im Auge. Eine schöne Predigt, die der kleine Kerl für mich auf dem Dom tanzte, ein geeigneter Ort, um in Steinen nach Predigten zu suchen, aber nicht nach Heuschreckenpredigten. Eine große und imposante Kanzel für einen so kleinen Prediger. Keine Gefahr von schwachen Knien, solange die Natur so ein Klappern von sich geben kann. Nicht einmal der Bär drückte mir die wilde Gesundheit, Stärke und das Glück des Berges so treffend aus wie dieser komische kleine Hüpfer. Keine Wolke der Sorge in seinen Tagen, kein Winter der Unzufriedenheit in Sicht. Für ihn ist jeder Tag ein Feiertag; und wenn schließlich seine Sonne untergeht, stelle ich mir vor, wird er sich auf den Waldboden kuscheln und wie die Blätter und Blumen sterben und wie diese keine hässlichen Überreste hinterlassen, die nach einem Begräbnis rufen.

Sonnenuntergang, und ich muss zum Lager. Gute Nacht, Freunde drei – Braunbär, schroffer Energiebrocken in Wäldern und Gärten, so schön wie Eden; ruhelose, pingelig fliegende Fliege mit hauchdünnen Flügeln, die die Luft rund um die Welt aufwühlt; und Heuschrecke, frischer, elektrischer Funke der Freude, der die gewaltige Erhabenheit der Berge belebt wie das

Lachen eines Kindes. Danke, danke euch allen dreien für eure belebende Gesellschaft. Möge der Himmel jeden Flügel und jedes Bein leiten. Gute Nacht, Freunde drei, gute Nacht.

Mount Clark, Spitze des South Dome, Mount Starr King, Abies Magnifica

22. Juli. Ein schönes Exemplar des Schwarzwedelhirsches sprang heute Morgen am Lager vorbei. Ein Bock mit weit gespreizten Geweihen, der bewundernswerte Kraft und Anmut zeigte. Wunderbar die Schönheit, Stärke und anmutigen Bewegungen von Tieren in der Wildnis, die nur von der Natur gepflegt werden, während unsere Erfahrung mit Haustieren uns zu der Befürchtung verleiten würde, dass alle sogenannten vernachlässigten

Wildtiere degenerieren würden. Doch das Ergebnis der Zucht- und Erziehungsmethode der Natur scheint zu Vortrefflichkeit aller Art zu führen. Hirsche sind, wie alle Wildtiere, so sauber wie Pflanzen. Die Schönheit ihrer Gesten und Haltungen, wachsam oder in Ruhe, überrascht noch mehr als ihre springende, überschwängliche Kraft. Jede Bewegung und Haltung ist anmutig, die wahre Poesie der Manieren und Bewegungen. Von Mutter Natur wird zu oft gesprochen, als wäre sie in Wirklichkeit überhaupt keine Mutter. Doch wie weise, streng und zärtlich liebt und kümmert sie sich bei jedem Wetter und in jeder Wildnis um ihre Kinder. Je mehr ich von Hirschen sehe, desto mehr bewundere ich sie als Bergbewohner. Mit ungebremster Kraft bahnen sie sich ihren Weg ins Herz der rauesten Einsamkeiten, durch dichte Busch- und Waldgürtel voller umgestürzter Bäume und Felsbrocken, über Canyons, rauschende Flüsse und Schneefelder und zeigen dabei stets Schönheit und Mut. Auf fast dem gesamten Kontinent finden die Hirsche ein Zuhause. In den Savannen und Hügeln Floridas, in den Wäldern Kanadas, im hohen Norden, streifen sie über moosbedeckte Tundren, schwimmen in Seen und Flüssen und Meeresarmen von Insel zu Insel, die von Wellen umspült werden, oder erklimmen felsige Berge, sind überall gesund und leistungsfähig und verleihen jeder Landschaft Schönheit – ein wahrhaft bewundernswertes Geschöpf und eine große Ehre für die Natur.

Habe eine Weißtanne skizziert, die einige hundert Meter östlich des Lagers auf einem Granitkamm steht – ein prächtiger Baum, der eine besondere Schneesturmgeschichte zu erzählen hat. Er ist etwa dreißig Meter hoch, wächst auf nacktem Fels, stößt seine Wurzeln in eine weniger als einen Zoll breite, verwitterte Fuge und wölbt sich nach außen, um eine Basis zu bilden, die sein Gewicht tragen kann. Der Sturm kam aus dem Norden, als die Tanne noch jung war, und brach sie fast bis zum Boden ab, wie die alte, abgestorbene, verwitterte Spitze zeigt, die sich aus dem lebenden Stamm herausstreckt, der aus einem neuen Trieb unterhalb der Bruchstelle entstanden ist. Die Jahresringe des Stammes, die den abgestorbenen Setzling überwuchert haben, verraten das Jahr des Sturms. Es ist ein Wunder, dass sich ein Seitenast, der Teil eines der ebenen Kragen ist, die den Stamm dieser Art (*Abies magnifica*) umgeben, nach oben biegt, aufrecht wächst und den Platz der verlorenen Achse einnimmt, um einen neuen Baum zu bilden.

Viele andere Bäume, Kiefern wie Tannen, zeugen von der erdrückenden Schwere dieses besonderen Sturms. Bäume, einige von ihnen fünfzehn bis fünfundzwanzig Meter hoch, wurden zu Boden gebogen und wie Gras begraben, ganze Haine verschwanden, als ob der Wald abgeholzt worden wäre, und bis zum Tauwetter im Frühjahr war kein einziger Ast oder Nadel zu sehen. Dann erhoben sich die elastischeren, unbeschädigten Setzlinge mit Hilfe des Windes wieder, einige erreichten eine fast aufrechte Haltung, andere blieben mehr oder weniger gebeugt, während diejenigen mit gebrochenem Rücken versuchten, einen Seitenast unterhalb des Bruchs zu spezialisieren und ihn zu einem Leitast zu machen, um eine neue Entwicklungsachse zu bilden. Es ist, als ob ein Mann, dessen Rücken gebrochen oder fast gebrochen war und der gezwungen war, gebeugt zu gehen, einen Ast finden würde, der geradewegs unter dem Bruch hervorsprießt und allmählich neue Arme, Schultern und einen neuen Kopf entwickeln würde, während der alte, beschädigte Teil seines Körpers abstirbt.

Wie üblich entstanden gegen Mittag große weiße Wolkenberge und -kuppeln, Grate und Gebirgszüge in unendlicher Vielfalt, als ob die Natur diese Art von Arbeit sehr liebte, sie fast jeden Tag mit unendlichem Fleiß wieder und wieder verrichtete und Schönheit hervorbrachte, die niemals langweilig wird. Ein paar Zickzack-Blitze, fünf Minuten Regenschauer, dann allmähliches Abklingen und Aufklaren.

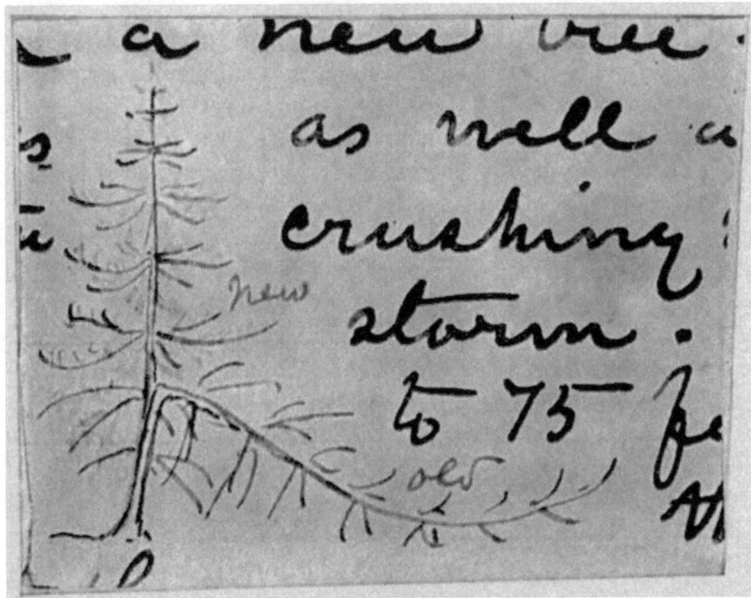

**ILLUSTRATION DES WACHSTUMS EINER NEUEN KIEFER
AUS EINEM AST UNTERHALB DES ACHSENBRUCHS EINES
VOM SCHNEE ZERQUETSCHTEN BAUMS**

23. Juli. Ein weiteres Wolkenland am Mittag, das eine Macht und Schönheit zeigt, deren Anblick einem nie langweilig wird, aber hoffnungslos unergründlich und unerklärlich ist. Was können arme Sterbliche über Wolken sagen? Während man versucht, ihre riesigen leuchtenden Kuppeln und Grate, schattigen Abgründe und Schluchten und federscharfen Schluchten zu beschreiben, verschwinden sie und hinterlassen keine sichtbaren Ruinen. Dennoch sind diese flüchtigen Himmelsberge ebenso substanziell und bedeutsam wie die dauerhafteren Aufwölbungen des Granits unter ihnen. Beide werden gleichermaßen aufgebaut und sterben, und in Gottes Kalender ist der Unterschied der Dauer nichts. Wir können nur voller Staunen und anbetender Bewunderung von ihnen träumen, glücklicher, als wir es selbst Freunden zu erzählen wagen, die am weitesten mitfühlend blicken, froh zu wissen, dass kein einziger Kristall oder Dampfpartikel von ihnen, ob hart oder weich, verloren geht; dass sie sinken und verschwinden, nur um immer wieder in immer größerer Schönheit aufzusteigen. Was unsere eigene Arbeit, Pflicht, unseren Einfluss usw. betrifft, über die so viel Aufhebens gemacht wird, so werden diese ihre Wirkung nicht verfehlen, auch wenn wir wie eine Flechte auf einem Stein darüber schweigen.

24. Juli. Wolken, die mittags etwa den halben Himmel bedeckten, sorgten für eine halbe Stunde schweren Regens, der eine der saubersten Landschaften der Welt überflutete. Wie gut sie überflutet ist! Das Meer ist kaum weniger staubig als die eispolierten Gehwege und Bergrücken, Kuppeln und Schluchten und die Berggipfel, die mit Schnee bedeckt sind wie Wellen mit Schaum. Wie frisch und ruhig sind die Wälder, nachdem die letzten Wolkenschichten vom Himmel gewischt wurden! Vor ein paar Minuten war jeder Baum aufgeregt, verneigte sich vor dem tosenden Sturm, schwenkte, wirbelte und warf seine Zweige in herrlicher Begeisterung wie in Anbetung. Aber obwohl diese Bäume für das äußere Ohr jetzt still sind, hören ihre Lieder nie auf. Jede verborgene Zelle pulsiert vor Musik und Leben, jede Faser vibriert wie Harfensaiten, während Weihrauch unaufhörlich aus den Balsamglöckchen und Blättern fließt. Kein Wunder, dass die Hügel und Haine Gottes erste Tempel waren, und je mehr sie abgeholzt und zu Kathedralen und Kirchen umgehauen werden, desto ferner und trüber erscheint der Herr selbst. Dasselbe kann man von Steintempeln sagen. Dort, östlich von unserem Lagerhain, steht eine der Kathedralen der Natur, aus dem lebendigen Fels gehauen, fast konventionell in der Form, etwa zweitausend Fuß hoch, edel geschmückt mit Türmen und Spitzen, aufregend unter Sonnenfluten, als ob sie lebendig wäre wie ein Haintempel, und mit gutem Grund „Cathedral Peak" genannt. Sogar Shepherd Billy wendet sich manchmal diesem wunderbaren Berggebäude zu, obwohl er anscheinend taub für alle Steinpredigten ist. Schnee, der sich weigert, im Feuer zu schmelzen, wäre kaum wunderbarer als unveränderliche Mattheit in den Strahlen der Schönheit Gottes. Ich habe versucht, ihn dazu zu bringen, zum Rand des Yosemite-Gebirges zu laufen, um die Aussicht zu genießen, und ihm angeboten, einen Tag lang auf die Schafe aufzupassen, während er genießen sollte, was Touristen aus aller Welt sehen wollen. Aber obwohl er nur eine Meile vom berühmten Tal entfernt ist, will er nicht einmal aus reiner Neugier dorthin gehen. „Was", sagt er, „ist Yosemite anderes als eine Schlucht – viele Felsen – ein Loch im Boden – eine Stelle, in die man gefährlich hineinfallen kann – und – ein guter Ort, den man meiden sollte." „Aber denk an die Wasserfälle, Billy – denk nur an den großen Bach, den wir neulich überquert haben, der eine halbe Meile durch die Luft stürzt – denk daran und an das Geräusch, das er macht. Du kannst es jetzt wie das Tosen des Meeres hören." Also drängte ich ihm Yosemite auf wie ein Missionar, der das Evangelium verkündet, aber er wollte nichts davon wissen. „Ich hätte Angst, über eine so hohe Mauer zu schauen", sagte er. „Mir würde schwindelig werden. Es gibt nirgendwo etwas Sehenswertes, nur Felsen, und davon sehe ich hier jede Menge. Touristen, die ihr Geld dafür ausgeben, Felsen und Wasserfälle zu sehen, sind Narren, das ist alles. Du kannst mich nicht betrügen. Dafür bin ich schon zu lange in diesem Land." Solche Seelen, nehme ich an, schlafen oder sind erdrückt und umnebelt von niederen Vergnügungen und Sorgen.

25. Juli . Ein weiteres Wolkenland. Manche Wolken sehen überreif und verfallen aus, sind wässrig und zerzaust und in vom Wind zerfetzte Fetzen und Flecken zerfallen, was dem Himmel ein vermülltes Aussehen verleiht; nicht so diese sommerlichen Mittagswolken der Sierra. Alle sind wunderschön mit glatten, klaren Umrissen und Kurven wie die von Gletscherkuppeln. Sie beginnen gegen elf Uhr zu wachsen und scheinen von diesem Hochlager aus so wunderbar nah und klar, dass man versucht ist, sie zu erklimmen und den Strömen zu folgen, die wie Katarakte aus ihren schattigen Quellen strömen. Der Regen, den sie gebären, ist oft sehr stark, eine Art Wasserfall, so imposant, als ob er aus Felsbergen strömen würde. Niemals auf all meinen Reisen habe ich etwas wirklich Neues und Interessanteres gefunden als diese Mittagsberge des Himmels, ihre feinen Farbtöne, ihr majestätisches sichtbares Wachstum und ihre sich ständig verändernde Landschaft und allgemeine Wirkung, obwohl sie, was die Beschreibung betrifft, meist genauso gut sind wie die Wolken. Ich denke oft an Shelleys Wolkengedicht: „Ich siebe den Schnee auf den Bergen unten."

KAPITEL VI

Mount Hoffman und Tenaya-See

26. Juli. Wanderung zum Gipfel des Mount Hoffman, 3.250 Meter hoch, der höchste Punkt, den meine Füße auf meiner Lebensreise je berührt haben. Und was für herrliche Landschaften um mich herum, neue Pflanzen, neue Tiere, neue Kristalle und eine Vielzahl neuer Berge, die viel höher sind als der Hoffman, die sich in herrlicher Anordnung entlang der Achse des Gebirges erheben, heiter, majestätisch, schneebedeckt, sonnendurchflutet, gewaltige Kuppeln und Bergrücken, die unter ihnen leuchten, Wälder, Seen und Wiesen in den Tälern, der reine, blaue Glockenblumenhimmel, der über ihnen allen brütet – ein herrlicher Tag der Aufnahme in ein neues Reich der Wunder, als hätte die Natur lockend geflüstert: „Komm höher." Was für Fragen ich gestellt habe und wie wenig ich über das ganze gewaltige Schauspiel weiß und wie eifrig und zitternd ich hoffe, eines Tages mehr zu wissen und die Bedeutung dieser göttlichen Symbole zu erfahren, die auf dieser wundersamen Seite zusammengedrängt sind.

Mount Hoffman ist der höchste Teil eines Gebirgskamms oder -sporns, etwa 23 Kilometer von der Achse der Hauptkette entfernt, vielleicht ein Überrest, der durch ungleichmäßige Abtragung hervorgehoben und isoliert wurde. Die südlichen Hänge leiten ihr Wasser über die Tenaya- und Dome-Bäche ins Yosemite-Tal, die nördlichen zum Teil in den Tuolumne-Fluss, aber größtenteils über den Yosemite-Bach in den Merced. Das Gestein besteht größtenteils aus Granit, mit einigen kleinen Haufen und Kämmen, die sich hier und da in malerischen, mit Säulen und Zinnen versehenen Überresten aus rotem metamorphem Schiefern erheben. Sowohl der Granit als auch die Schiefer sind durch Fugen geteilt, wodurch sie wie die Steine eines künstlichen Mauerwerks in Blöcke zerlegt werden können, was an die Bibelstelle „Er hat die Berge gebaut" erinnert. Große Schnee- und Eisbänke türmen sich in Mulden auf der kühlen, steilen Nordseite und bilden die höchsten ganzjährigen Quellen des Yosemite-Bachs. Die südlichen Hänge sind viel sanfter und zugänglicher. Schmale, schlitzartige Schluchten erstrecken sich im rechten Winkel über den Gipfel und sehen aus wie Gassen, die offensichtlich durch die Erosion weniger widerstandsfähiger Schichten entstanden sind. Sie werden normalerweise „Teufelsrutschen" genannt, obwohl sie weit oberhalb der Region liegen, in der normalerweise der Teufel heimsucht; denn obwohl wir lesen, dass er einmal einen sehr hohen Berg bestiegen hat, kann er kein großer Bergsteiger sein, denn seine Spuren sind selten oberhalb der Baumgrenze zu sehen.

ANFAHRT VON DOME CREEK NACH YOSEMITE

Der breite graue Gipfel sieht auf den ersten Blick kahl und trostlos aus, verwüstet durch jahrhundertelange nagende Stürme; betrachtet man die Oberfläche jedoch im Detail, stellt man fest, dass sie von Tausenden und Millionen bezaubernder Pflanzen bedeckt ist, deren Blätter und Blüten so klein sind, dass sie aus einer Entfernung von einigen hundert Metern keine sichtbare Farbmasse bilden. Beete aus azurblauen Gänseblümchen lächeln vertrauensvoll in feuchten Mulden und entlang der Ufer kleiner Bäche, mit mehreren Arten von Eriogonum, seidenblättrigem Ivesia, Pentstemon,

Orthocarpus und Flecken von *Primula suffruticosa* , einer wunderschönen strauchartigen Art. Hier fand ich auch Bryanthus, ein bezauberndes Heidekraut mit purpurnen Blüten und dunkelgrünem Laub wie Heidekraut, und drei für mich neue Bäume – eine Schierlingstanne und zwei Kiefern. Die Schierlingstanne (*Tsuga Mertensiana*) ist der schönste Nadelbaum, den ich je gesehen habe; die Zweige und auch die Hauptachse hängen auf eine außergewöhnlich anmutige Weise herab, und das dichte Laub bedeckt die zarten, empfindlichen, schwankenden Zweige ringsum. Er steht jetzt in voller Blüte, und die Blüten zeigen zusammen mit Tausenden von Zapfen der letzten Saison, die noch an den herabhängenden Zweigen hängen, eine wunderbare Farbpracht in Braun, Purpur und Blau. Gerne kletterte ich auf den ersten Baum, den ich fand, um mich inmitten davon zu erfreuen. Wie die Berührung der Blüten einem das Fleisch kribbeln lässt! Die Stempelblättchen sind dunkel, tief purpurn und fast durchscheinend, die Stempelblättchen blau – ein lebhafter, reiner Blauton wie der Berghimmel – die ungewöhnlichste aller Baumblüten der Sierra, die ich je gesehen habe. Wie wunderbar, dass dieser schöne Baum hier oben, der den wildesten Stürmen ausgesetzt ist, mit all seiner zarten weiblichen Anmut und Schönheit in Form, Kleid und Verhalten bereits die Stürme jahrhundertelanger Winter überstanden hat!

Pinus monticola) und die Zwergkiefer (*Pinus albicaulis*) , sind sturmfeste Bäume . Die Bergkiefer ist eng mit der Zuckerkiefer verwandt, ihre Zapfen sind jedoch nur etwa 10 bis 15 Zentimeter lang. Die größten Bäume haben einen Durchmesser von 1,5 bis 1,8 Metern und ragen 1,2 Meter über den Boden. Ihre Rinde ist kräftig braun. Nur wenige sturmgepeitschte Abenteurer erreichen den Gipfel des Berges. Die Zwergkiefer oder Weißrindenkiefer ist die Art, die die Baumgrenze bildet. Dort ist sie so stark verkümmert, dass man über ihre Spitze wie über schneebedecktes Chaparral laufen kann.

Wie grenzenlos scheint der Tag, wenn wir in diesen sturmgepeitschten Himmelsgärten inmitten einer so riesigen Ansammlung von Bergen schwelgen ! Seltsam und bewundernswert ist, dass je wilder, kälter und sturmgepeitschter die Berge sind, desto schöner der Glanz auf ihren Oberflächen und desto schöner die Pflanzen, die sie tragen. Die Myriaden von Blumen, die die Berggipfel färben, scheinen nicht aus dem trockenen, groben Kies der Zersetzung gewachsen zu sein, sondern erscheinen eher als Besucher, eine Wolke von Zeugen der Liebe der Natur in dem, was wir in unserer schüchternen Unwissenheit und unserem Unglauben heulende Wüste nennen. Die Oberfläche des Bodens, die auf den ersten Blick so stumpf und abweisend ist, ist nicht nur reich an Pflanzen, sondern glänzt und funkelt mit Kristallen: Glimmer, Hornblende, Feldspat, Quarz, Turmalin . An manchen Stellen ist das Strahlen so groß, dass es geradezu blendend ist: scharfe, lanzenförmige Strahlen in allen Farben blitzen auf, funkeln in herrlicher Fülle und vereinen sich mit den Pflanzen in ihrem feinen, tapferen Schönheitswerk – jeder Kristall, jede Blume ein Fenster, das sich zum Himmel öffnet, ein Spiegel, der den Schöpfer widerspiegelt.

Von Garten zu Garten, von Grat zu Grat trieb ich wie verzaubert, mal auf den Knien, in das Gesicht einer Gänseblume blickend, mal immer wieder zwischen den violetten und azurblauen Blüten der Hemlocktannen kletternd, mal hinab in die Schätze des Schnees, oder in die Ferne blickend über Kuppeln und Gipfel, Seen und Wälder und die wogenden Gletscherfelder des oberen Tuolumne und versuchte, sie zu skizzieren. Inmitten dieser Schönheit, durchdrungen von ihren Strahlen, ist der Körper ein einziger prickelnder Gaumen. Wer wäre nicht ein Bergsteiger! Hier oben scheinen alle Preise der Welt nichts zu sein.

Der größte der vielen Gletscherseen in Sichtweite und der mit der schönsten Uferlandschaft ist der Tenaya, etwa eine Meile lang, mit einem imposanten Berg, der auf der Südseite in ihn eintaucht, Cathedral Peak ein paar Meilen über ihm, viele sanft anschwellende Felswellen und Kuppeln im Norden und in der Ferne im Süden eine Vielzahl schneebedeckter Gipfel, die Quellen von Flüssen. Lake Hoffman liegt schimmernd unter meinen Füßen, Bergkiefern um seinen glänzenden Rand. Im Norden glitzert das malerische Becken des Yosemite Creek mit kleinen Seen und Tümpeln; aber der Blick wird bald von diesen hellen Spiegelbrunnen abgelenkt, so attraktiv sie auch sein mögen, um an der herrlichen Ansammlung von Gipfeln auf der Achse der Bergkette in ihren Gewändern aus Schnee und Licht zu schwelgen.

Kathedralengipfel

Carlo fing ein unglückliches Murmeltier, als es von einem grasbewachsenen Fleck zu seinem Zuhause auf einem Felsbrocken rannte – eines der widerstandsfähigsten Bergtiere. Ich versuchte mit aller Kraft, es zu retten, aber vergebens. Nachdem ich Carlo gesagt hatte, er müsse aufpassen, dass er nichts tötet, erblickte ich zum ersten Mal den merkwürdigen Pika, den kleinen Häuptlingshasen, der große Mengen Lupinen und andere Pflanzen schneidet und sie zum Trocknen in die Sonne legt, um Heu zu gewinnen, das er in unterirdischen Scheunen lagert, um den langen, schneereichen Winter zu überstehen. Wenn man auf diese Pflanzen stößt, die frisch geschnitten und in Handvoll hier und da auf den Felsen liegen, hat man einen verblüffenden Eindruck von dem geschäftigen Leben auf dem einsamen Berggipfel. Diese kleinen Heumacher, ausgestattet mit einem Gehirn, das dem unseren ähnelt – Gott hier oben behütet sie –, was für Lektionen sie uns lehren, wie sie unser Mitgefühl erweitern!

Ein Adler, der über einer steilen Klippe schwebt, wo vermutlich sein Nest ist, ist ein weiteres eindrucksvolles Lebensschauspiel und hilft, an die anderen Menschen der sogenannten Einsamkeit zu denken – Rehe im Wald, die sich um ihre Jungen kümmern; die starken, gut gekleideten, wohlgenährten Bären; die lebhafte Schar der Eichhörnchen; die gesegneten Vögel, große und kleine, die die Wälder aufwühlen und verschönern; und die Wolken glücklicher Insekten, die den Himmel mit fröhlichem Summen erfüllen, als Teil des herabströmenden Sonnenscheins. All dies kommt einem in den Sinn, ebenso wie die Pflanzenmenschen und die fröhlichen Bäche, die singend ihren Weg zum Meer finden. Aber am eindrucksvollsten von allem ist das weite, leuchtende Antlitz der Wildnis in ehrfurchtgebietender, unendlicher Ruhe.

Gegen Sonnenuntergang genoss ich einen schönen Lauf zum Lager, die langen Südhänge hinunter, über Bergrücken und Schluchten, Gärten und Lawinenlücken, durch Tannen und Chaparral, genoss die wilde Aufregung und den Kraftüberschuss, und so endete ein Tag, der niemals enden wird.

27. Juli. Auf und davon zum Tenayasee – ein weiterer großer Tag, genug für ein ganzes Leben. Die Felsen, die Luft, alles spricht mit hörbarer Stimme oder still; freudig, wundervoll, bezaubernd, vertreibt Müdigkeit und Zeitgefühl. Keine Sehnsucht nach irgendetwas jetzt oder danach, während wir nach Hause ins Herz des Berges gehen. Die ebenen Sonnenstrahlen berühren die Tannenwipfel, jedes Blatt glänzt vom Tau. Ich halte einen östlichen Kurs, die tiefe Schlucht des Tenaya Creek auf der rechten Seite, Mount Hoffman auf der linken Seite und der See geradeaus, etwa zehn Meilen entfernt, der Gipfel des Mount Hoffman etwa dreitausend Fuß über mir, Tenaya Creek viertausend Fuß unter mir und durch glatte Kuppeln und Wellenkämme von dem flachen, unregelmäßigen Tal getrennt, entlang dem der größte Teil des Weges verläuft. Viele moosige, smaragdgrüne Sümpfe, Wiesen und Gärten in felsigen Senken zum Durchwaten und Schlendern – und was für schöne Pflanzen sie mir bieten, was für freudige Bäche ich überqueren muss und wie viele Ausblicke ich auf das Mauerwerk von Hoffman und Cathedral Peak habe und was für eine wundersame Breite glänzenden Granitpflasters ich zum ersten Mal entlang des Seeufers überquere! Weiter schlenderte ich in völliger Freiheit; mein Körper war ohne Gewicht, soweit ich es wahrnahm; watete jetzt durch sternenbedeckte Parnassia-Sümpfe, jetzt durch Gärten, die schultertief mit Rittersporn und Lilien, Gräsern und Binsen bedeckt waren, und schüttelte Tauschauer ab; überquerte Haufen kristalliner Moränenblöcke, glänzende Spiegelpflaster und kühle, heitere Bäche, die nach Yosemite fließen; überquerte Bryanthus-Teppiche und die von Lawinen ausgehöhlten Pfade und Dickichte aus schneebedeckten Ceanothus; und dann eine breite, majestätische Treppe hinunter in das aus Eis geformte Seebecken.

Der Schnee auf den hohen Bergen schmilzt schnell, und die Bäche sind bis zum Rand gefüllt, fließen sanft durch die ebenen Wiesen und Sümpfe, beben von Sonnenglitzer, wirbeln in Schlaglöchern, ruhen in tiefen Tümpeln, springen, schreien in wilder, jubelnder Energie über raue Felsdämme, freudig, schön in all ihren Formen. Keine Sierra-Landschaft, die ich gesehen habe, enthält etwas wirklich Totes oder Langweiliges oder irgendeine Spur von dem, was in Fabriken Müll oder Abfall genannt wird; alles ist vollkommen sauber und rein und voller göttlicher Lehren. Dieses schnelle, unvermeidliche Interesse, das an allem haftet, scheint wunderbar, bis die Hand Gottes sichtbar wird; dann scheint es vernünftig, dass das, was Ihn interessiert, auch uns interessieren könnte. Wenn wir versuchen, etwas für sich allein herauszupicken, stellen wir fest, dass es mit allem anderen im Universum verbunden ist. Man stellt sich vor, in jedem Kristall und jeder Zelle müsse ein Herz wie das unsere schlagen, und wir möchten anhalten, um mit den Pflanzen und Tieren als freundlichen Bergsteigerkollegen zu sprechen. Die Natur als Dichter, als begeisterter Arbeiter wird immer sichtbarer, je weiter und höher wir gehen; denn die Berge sind Quellen – Ausgangspunkte, jedoch verbunden mit Quellen jenseits des menschlichen Gesichtskreises.

Ich fand drei Arten von Wiesen: (1) Die in Becken, die noch nicht mit Erde genug aufgefüllt sind, um eine trockene Oberfläche zu bilden. Sie sind mit mehreren Seggenarten bepflanzt und ihre Ränder sind mit robusten Blütenpflanzen wie Veratrum, Rittersporn, Lupinen usw. bepflanzt. (2) Die in Becken derselben Art, einst Seen wie die ersten, aber so gelegen im Verhältnis zu den durch sie fließenden Strömen und Schichten aus transportablem Sand, Kies usw., dass sie jetzt hoch und trocken und gut entwässert sind. Dieser trockene Zustand und die entsprechenden Unterschiede in ihrer Vegetation sind möglicherweise nicht auf eine bessere Lage oder die Fähigkeit der zugehörigen Ströme, Füllmaterial zu transportieren, zurückzuführen, sondern einfach darauf, dass das Becken flach ist und sich daher schneller füllt. Sie sind mit Gräsern bepflanzt, meist fein, seidig und ziemlich kurzblättrig, wobei *Calamagrostis* und *Agrostis* die Hauptgattungen sind. Sie bilden herrlich glatte, ebene Rasenflächen, in denen man zwei oder drei Arten von Enzianen und ebenso viele violette und gelbe Orthocarpus-, Veilchen-, Vaccinium-, Kalmia-, Bryanthus- und Lonicera-Arten findet. (3) Wiesen, die an Bergrücken und Berghängen hängen, überhaupt nicht in Becken, sondern durch Massen von Felsbrocken und umgestürzten Bäumen gebildet und an Ort und Stelle gehalten werden, die in dichter Folge übereinander Dämme an kleinen, ausgebreiteten, kanallosen Bächen bilden und genug Erde für das Wachstum von Gräsern, Carices und vielen blühenden Pflanzen angesammelt haben. Da sie gut bewässert werden und nicht starken Strömungen ausgesetzt sind, die sie wegtragen, ist eine hängende oder abfallende Wiese das Ergebnis. Ihre

Oberflächen sind selten so glatt wie die anderen, da sie durch die vorspringenden Spitzen der Dammfelsen oder -stämme mehr oder weniger aufgeraut werden; aber aus geringer Entfernung ist diese Rauheit nicht zu bemerken und die Wirkung ist sehr auffällig – hellgrüne, fließende, herabhängende Blumenbänder auf grauen Hängen. Die breiten, seichten Bäche, zu denen diese Wiesen gehören, stammen größtenteils aus Schneebänken, und da der Boden an manchen Stellen gut entwässert ist, während an anderen die Dammsteine dicht zusammengedrückt und mit Holzstücken und Blättern verklebt sind, wodurch sumpfige Stellen entstehen, ist die Vegetation natürlich entsprechend vielfältig. Ich sah Weiden- und Zwergseidenflecken und eine schöne Lilienpracht auf einigen von ihnen, die keinen Rand bildeten, sondern zwischen den Seggen und dem Gras verstreut waren. Die meisten dieser Wiesen sind jetzt in ihrer Blüte. Wie wunderbar muss die Härte der elastischen Blätter von Gräsern und Seggen sein, um so perfekte und feine Kurven zu bilden. Wären sie etwas härter, stünden sie aufrecht, steif und borstig wie Metallstreifen; wären sie etwas weicher, läge jedes Blatt flach. Und was für eine schöne Bemalung und Tönung gibt es auf den Spelzen und Pfählen, Staubblättern und federartigen Stempeln. Schmetterlinge, die so bunt sind wie Blumen, schweben in wunderbarer Fülle über ihnen, und viele andere wunderschöne geflügelte Wesen, die nur der Herr zählt, kennt und liebt, tanzen hoch über ihren Köpfen Walzer, scheinbar in reinem Spiel und ausgelassener Freude an ihren kleinen Lebensfunken. Wie wunderbar sie sind! Wie kommen sie zu ihrem Lebensunterhalt und ertragen das Wetter? Wie werden ihre kleinen Körper mit Muskeln, Nerven und Organen warm und munter in solch bewundernswerter, überschwänglicher Gesundheit gehalten? Betrachtet man sie nur als mechanische Erfindungen, wie wunderbar sind sie! Verglichen mit ihnen sind die größten Maschinen des gottgleichen Menschen nichts.

Die meisten Sandgärten auf Moränen sind wie die Wiesen in voller Schönheit, obwohl einige an den Nordseiten der Felsen und unter Hainen aus jungen Kiefern noch nicht geblüht haben. Auf sonnigen Flächen aus kristallklarem Boden entlang der Hänge der Hoffman Mountains sah ich ausgedehnte Flecken von Ivesia und purpurner Gilia, die kaum ein grünes Blatt hatten und schöne Farbwolken bildeten. Ribes-Büsche, Vaccinium und Kalmia, die jetzt blühen, bilden wunderschöne Teppiche und Rabatten entlang der Bachufer. Zottelige Beete aus Zwerg-Eichen (*Quercus chrysolepis* , var. *vaccinifolia*), über die man laufen kann, sind auf Felsmoränen häufig, doch handelt es sich dabei um dieselbe Art wie bei der großen Virginia-Eiche, die man nahe Brown's Flat sieht. Der schönste Strauch ist der purpurblühende Bryanthus, der hier in einer Höhe von 2.700 Metern herrliche Teppiche bildet.

Der Hauptbaum auf den ersten ein oder zwei Meilen vom Lager ist die prächtige Weißtanne, die hier sowohl in Größe und Form der einzelnen Bäume als auch in der Art und Weise, wie sie in Hainen mit offenen Zwischenräumen gruppiert werden, Vollkommenheit erreicht. Diese silbrigen, gewundenen Haine sind so gepflegt und geschmackvoll, dass man meinen könnte, sie seien von einem Meistergärtner angelegt worden, ihre Regelmäßigkeit scheint fast konventionell. Aber die Natur ist der einzige Gärtner, der so schöne Arbeit leisten kann. Einige edle Exemplare von zweihundert Fuß Höhe nehmen zentrale Positionen in den Gruppen ein, umgeben von jüngeren Bäumen; und außerhalb dieser gibt es einen weiteren Kreis noch kleinerer Bäume, das Ganze arrangiert wie geschmackvoll symmetrische Blumensträuße, wobei jeder Baum schön an den ihm zugewiesenen Platz passt, als wäre er speziell für ihn geschaffen; kleine Rosen und Galltanne blühen normalerweise auf den offenen Flächen um die Haine herum und bilden bezaubernde Vergnügungsplätze. Weiter oben werden die Tannen allmählich kleiner und weniger perfekt, viele haben doppelte Spitzen, was auf Sturmbelastung hindeutet. Dennoch gibt es dort, wo guter Moränenboden gefunden wird, sogar am Rand des Seebeckens, Exemplare von 150 Fuß Höhe und 5 Fuß Durchmesser fast 9.000 Fuß über dem Meeresspiegel. Die Setzlinge, so finde ich, sind größtenteils durch das erdrückende Gewicht des Winterschnees verbogen, der in dieser Höhe, den Spuren an den Bäumen nach zu urteilen, mindestens 8 oder 10 Fuß tief sein muss; und diese Tiefe des verdichteten Schnees ist schwer genug, um junge Bäume von 20 oder 30 Fuß Höhe zu biegen und zu begraben und sie vier oder fünf Monate lang am Boden zu halten. Einige sind abgebrochen; die anderen sprießen nach, wenn der Schnee schmilzt, und erreichen schließlich eine Größe, die es ihnen ermöglicht, dem Schneedruck standzuhalten. Doch selbst bei Bäumen mit einer Dicke von 5 Fuß sind die Spuren dieser frühen Disziplinierung noch deutlich an ihren gebogenen Spannen zu erkennen, und häufig an alten, getrockneten Setzlingen, die aus dem Stamm herausragen und teilweise von der neuen Achse überwuchert sind, die sich aus einem Ast unterhalb des Bruchs entwickelt hat. Doch trotz all dieser Belastung bleibt der Wald in wunderbarer Schönheit erhalten.

Jenseits der Weißtannen finde ich, dass die Zweiblättrige Kiefer (*Pinus contorta* , var. *Murrayana*) bis zu einer Höhe von 3.000 Metern oder mehr den Großteil des Waldes bildet – den höchsten Waldgürtel der Sierra. Ich sah ein Exemplar mit fast 1,5 Metern Durchmesser, das auf tiefem, gut bewässertem Boden in einer Höhe von etwa 2.700 Metern wuchs. Die Form dieser Art variiert sehr stark je nach Standort, Exposition, Boden usw. An Flussufern, wo sie dicht gepflanzt ist, ist sie sehr schlank; einige 23 Meter hohe Exemplare haben am Boden einen Durchmesser von nicht mehr als 12 Zoll, aber die gewöhnliche Form ist, soweit ich gesehen habe, gut proportioniert. Der durchschnittliche Durchmesser beträgt in ausgewachsener Form in dieser Höhe etwa 30 bis 35 Zoll, die Höhe 12 bis 15 Meter, die vereinzelten Zweige sind am Ende nach oben gebogen, die Rinde dünn und mit bernsteinfarbenem Harz überzogen. Die weiblichen Blüten bilden kleine purpurrote Rosetten mit einem Durchmesser von einem Viertel Zoll an den Enden der Zweige, meist in den Blattquasten verborgen; Die Stängel haben einen Durchmesser von etwa drei Achtel Zoll, sind schwefelgelb und stehen in auffälligen Büscheln, wodurch eine bemerkenswert reiche Wirkung erzielt wird – eine mutige, robuste Bergkiefer, die fröhlich auf rauen Betten aus Lawinenblöcken und Fugen von Felspflaster sowie in fruchtbaren Mulden wächst, jeden Winter jahrhundertelang bis zur Hüfte im Schnee steht, tausenden Stürmen trotzt und jedes Jahr in Farben blüht, die ebenso leuchtend sind wie die der sonnendurchfluteten Bäume der Tropen.

Ein noch robusterer Bergbewohner ist der Sierra-Wacholder (*Juniperus occidentalis*), der meist auf Kuppen, Bergrücken und Gletscherpfaden wächst. Ein stämmiger, robuster, malerischer Hochlandbewohner, der zufrieden damit zu sein scheint, mehr als 20 Jahrhunderte von Sonnenschein und Schnee zu leben; ein wirklich wunderbarer Kerl, dessen verbissene Ausdauer sich in jedem Merkmal ausdrückt und der ungefähr so lange hält wie der Granit, auf dem er steht. Einige sind fast so breit wie hoch. Am Ufer des Sees sah ich einen mit einem Durchmesser von fast drei Metern, viele waren zwischen 1,8 und 2,4 Metern groß. Die zimtfarbene Rinde blättert in langen, bandartigen Streifen mit seidigem Glanz ab. Er ist sicherlich der ausdauerndste aller Baumbergbewohner, er scheint nie eines natürlichen Todes zu sterben oder nach dem Absterben abzufallen. Wäre er vor Unfällen geschützt, wäre er vielleicht unsterblich. Ich sah einige, die einer Lawine vom schneebedeckten Mount Hoffman standgehalten hatten und fröhlich neue Zweige austrieben, als würden sie wie Grip wiederholen: „Gib niemals auf." Einige standen einfach auf dem Pflaster, wo kein Riss, der größer als ein halber Zoll war, ihren Wurzeln Halt bot. Die übliche Höhe dieser Felsenbewohner beträgt zehn bis zwanzig Fuß; die meisten der alten haben abgebrochene Spitzen und sind bloße Stümpfe mit ein paar büscheligen Zweigen, die auf kahlem Pflaster malerische braune Säulen bilden, mit viel Bewegungsfreiheit und freier Sicht in alle Richtungen. Auf gutem Moränenboden erreichen sie eine Höhe von vierzig bis sechzig Fuß und sind dicht grau belaubt. Die Ringe des Stammes sind sehr dünn, bei einigen Exemplaren, die ich untersucht habe, haben sie einen Durchmesser von achtzig bis einem Zoll. Diese zehn Fuß Durchmesser müssen sehr alt sein – Tausende von Jahren. Ich wünschte, ich könnte wie diese Wacholder von Sonnenschein und Schnee leben und tausend Jahre lang neben ihnen am Ufer des Tenaya-Sees stehen. Wie viel würde ich sehen und wie herrlich wäre das! Alles in den Bergen würde mich finden und zu mir kommen und alles vom Himmel wie Licht.

WACHOLDER IM TENAYA CAÑON

Der See wurde nach einem der Häuptlinge des Yosemite-Stammes benannt. Der alte Tenaya soll ein guter Indianer für seinen Stamm gewesen sein. Als eine Kompanie Soldaten seiner Truppe nach Yosemite folgte, um sie für Viehdiebstahl und andere Verbrechen zu bestrafen, flohen sie im frühen Frühling, als der Schnee noch tief lag, über einen Pfad, der aus dem oberen Ende des Tals herausführt, zu diesem See. Als sie jedoch verfolgt wurden, verloren sie den Mut und ergaben sich. Dieser helle See ist ein schönes Denkmal für den alten Mann und wird wahrscheinlich noch lange bestehen, obwohl Seen ebenso wie Indianer sterben und allmählich mit Geröll gefüllt werden, das von den Zuflüssen und in gewissem Maße auch von Schneelawinen, Regen und Wind hereingetragen wird. Ein beträchtlicher Teil des Tenaya-Beckens hat sich am oberen Ende, wo der Hauptzufluss vom Cathedral Peak her einmündet, bereits in eine bewaldete Ebene und Wiese verwandelt. Zwei weitere Zuflüsse kommen aus der Hoffman Range. Der Auslauf fließt westwärts durch den Tenaya Cañon und mündet in Yosemite in den Merced River. Am Nordufer ist kaum eine Handvoll lockerer Erde zu sehen. Alles ist nackter, glänzender Granit, was auf den indianischen Namen des Sees hindeutet: Pywiack, was glänzender Fels bedeutet. Das Becken scheint langsam von den alten Gletschern ausgehöhlt worden zu sein, eine wunderbare Arbeit, die unzählige Jahrtausende in Anspruch nahm. Auf der Südseite erhebt sich ein imposanter Berg vom Wasserrand bis zu einer Höhe von 3000 Fuß oder mehr, gefiedert mit

Schierlingstannen und Kiefern; und im Osten erheben sich riesige glänzende Kuppeln, über deren Gipfel der mahlende, zermürbende, formende Gletscher hinweggefegt sein muss, wie es heute der Wind tut.

28. Juli. Keine Wolkenberge, nur kaum wahrnehmbare Zirrusfetzen, und das Fehlen eines Donners, der die Mittagsstunde schlägt, erscheint seltsam, als ob die Uhr der Sierra stehen geblieben wäre. Habe die *Magnifica-* Tanne studiert – eine gemessene Höhe von fast 240 Fuß, die höchste, die ich je gesehen habe. Diese Art ist die symmetrischste aller Nadelbäume, aber trotz ihrer gigantischen Größe wird sie selten älter als vier- oder fünfhundert Jahre. Die meisten Bäume sterben im Alter von zwei oder drei Jahrhunderten an einem Pilzbefall. Dieser Hausschwamm dringt möglicherweise über die Stümpfe der Äste in den Stamm ein, die vom Schnee abgebrochen werden, der die breiten handförmigen Zweige belastet. Die jüngeren Exemplare sind Wunderwerke der Symmetrie, gerade und aufrecht wie ein Lot, ihre Äste stehen in regelmäßigen, waagerechten Wirteln zu meist fünf, jeder Ast ist so exakt unterteilt wie ein Farnwedel und dicht mit Blättern bedeckt, die den ganzen Baum mit Ausnahme des Stammes und eines kleinen Teils der Hauptäste wie einen üppigen Plüsch bedecken. Die Blätter wenden sich nach oben, besonders an den Zweigen, und sind steif und spitz, im gesamten oberen Teil des Baumes spitz zulaufend. Sie verbleiben etwa acht oder zehn Jahre am Baum, und da das Wachstum schnell ist, findet man nicht selten noch Blätter am oberen Teil der Achse, wo diese drei bis vier Zoll im Durchmesser ist, weit auseinander und ihre spiralförmige Anordnung ist wunderschön zur Schau gestellt. Die Blattnarben sind zwanzig Jahre oder länger deutlich zu sehen, aber es gibt von Baum zu Baum große Unterschiede hinsichtlich der Dicke und Schärfe der Blätter.

Nach dem Ausflug zum Mount Hoffman hatte ich einen kompletten Querschnitt des Sierra-Waldes gesehen und festgestellt, dass *Abies magnifica* der symmetrischste Baum der ganzen edlen Nadelbaumart ist. Die Zapfen sind prächtige Dinger, prächtig in Form, Größe und Farbe, zylindrisch, stehen aufrecht auf den oberen Zweigen wie Fässer und sind 12 bis 20 Zentimeter lang und 7,5 bis 10 Zentimeter im Durchmesser, grünlich grau und mit feinem Flaum bedeckt, der im Sonnenlicht silbrig glänzt, und ihr Glanz wird durch Perlen aus transparentem Balsam verstärkt, der über jeden Zapfen gegossen worden zu sein scheint und an die alten Zeremonien der Salbung mit Öl erinnert. Wenn möglich, ist das Innere des Zapfens schöner als das Äußere; die Schuppen, Tragblätter und Samenflügel sind mit dem schönsten rosa Purpur mit einem hellen, glänzenden Schillern gefärbt; die drei Viertel Zoll langen Samen sind dunkelbraun. Wenn die Zapfen reif sind, fallen die Schuppen und Deckblätter ab, und die Samen fliegen an ihre Bestimmungsorte, während die toten, stachelartigen Äste viele Jahre lang an den Zweigen verbleiben und die Positionen der verschwundenen Zapfen markieren, mit Ausnahme der Zapfen, die das Douglas-Hörnchen im grünen Zustand abschneidet. Wie es seine Zähne unter die breiten Basen der gestielten Zapfen bekommt, weiß ich nicht. An einem sonnigen Tag auf diese Bäume zu klettern, um die wachsenden Zapfen zu besuchen und über die Wipfel des Waldes zu blicken, ist eines meiner größten Vergnügen.

29. Juli. Hell, kühl, berauschend. Wolken um 0,05. Ein weiterer herrlicher Tag voller Wanderungen, Skizzen und allgemeiner Freude.

30. Juli. Wolken 0,20 Grad, aber der übliche Regenschauer erreichte uns nicht, obwohl wir ein paar Meilen entfernt Donner hörten, der die Mittagsstunde schlug. Ameisen, Fliegen und Moskitos scheinen dieses schöne Klima zu genießen. Ein paar Stubenfliegen haben unser Lager entdeckt. Die Sierra-Moskitos sind mutig und von guter Größe, manche von ihnen messen fast einen Zoll von der Spitze des Stachels bis zur Spitze der gefalteten Flügel. Obwohl sie weniger zahlreich sind als in den meisten Wildnisgebieten, machen sie gelegentlich ein ziemliches Summen und Treiben und achten kaum auf Zeit oder Ort. Sie stechen überall, zu jeder Tageszeit, wo immer sie etwas Wertvolles finden, bis sie selbst vom Frost gestochen werden. Die großen, pechschwarzen Ameisen sind nur kitzelig und lästig, wenn man sich unter den Bäumen hinlegt. Habe einen Bohrer bemerkt, der eine Weißtanne anbohrt. Legebohrer etwa anderthalb Zoll lang, poliert und gerade wie eine Nadel. Wenn er nicht gebraucht wird, ist er in einer Hülle zurückgefaltet, die gerade nach hinten ausgefahren wird wie die Beine eines Kranichs beim Fliegen. Dieses Bohren dient, nehme ich an, dazu, Nestbau und die anschließende Fütterung der Jungen zu sparen. Wer hätte gedacht, dass im Gehirn einer Fliege so viel Wissen Platz finden kann? Woher wissen sie, dass ihre Eier in solchen Löchern schlüpfen oder dass die weichen, hilflosen Larven nach dem Schlüpfen die richtige Nahrung im Saft der Weißtanne finden? Diese häusliche Anordnung erinnert an die merkwürdige Familie der Gallfliegen. Jede Art scheint zu wissen, welche Art von Pflanze auf die Reizung oder den Reiz des Stichs und der Eier, die sie legt, reagiert und ein Gewächs bildet, das nicht nur als Nest und Heim dient, sondern auch Nahrung für die Jungen bietet. Wahrscheinlich machen diese Gallfliegen manchmal Fehler, wie jeder andere auch; aber wenn das passiert, ist es einfach ein Misserfolg bei diesem bestimmten Brutbestand, während genug, um die Art zu erhalten, die richtigen Pflanzen und Nahrung finden. Viele Fehler dieser Art könnten gemacht werden, ohne dass wir sie entdecken. Einmal machte ein Paar Zaunkönige den Fehler, ein Nest im Ärmel eines Arbeitermantels zu bauen, was bei Sonnenuntergang verlangt wurde, sehr zur Bestürzung und zum Unbehagen der Vögel. Dennoch ist es ein Wunder, dass die Kinder so kleiner Menschen wie Mücken und Moskitos ihren eigenen und den Fehlern ihrer Eltern sowie den Launen des Wetters und den Scharen von Feinden entkommen und voller Kraft und

Vollkommenheit die sonnige Welt genießen können. Wenn wir an die kleinen sichtbaren Lebewesen denken, müssen wir an viele denken, die noch kleiner sind und uns immer tiefer in unendliche Geheimnisse führen.

31. Juli. Ein weiterer herrlicher Tag, die Luft ist für die Lunge so köstlich wie Nektar für die Zunge; der ganze Körper scheint ein einziger Gaumen zu sein und es kribbelt überall gleichmäßig. Die Bewölkung beträgt etwa 0,05 Grad, aber unser normaler Regenschauer hat uns noch nicht erreicht, obwohl ich in der Ferne Donner höre.

Das fröhliche kleine Streifenhörnchen, das in Brown's Flat so häufig vorkommt, ist auch hier weit verbreitet, und vielleicht auch andere Arten. In ihrem leichten, luftigen Verhalten erinnern sie an die vertrauten Arten der Oststaaten, die wir in den Eichenlichtungen von Wisconsin bewunderten, als sie an den Zickzack-Zäunen entlanghuschten. Diese Sierra-Streifenhörnchen sind baumbewohnender und eichhörnchenartiger. Ich bemerkte sie zum ersten Mal am unteren Rand des Nadelgürtels, wo die Sabine- und die Gelbkiefer aufeinandertreffen – überaus interessante kleine Kerle, voller seltsamer, lustiger Eigenarten, und ohne echte Eichhörnchen zu sein, haben sie die meisten ihrer Fähigkeiten ohne ihre aggressive Streitsucht. Ich werde nie müde, ihnen zuzusehen, wie sie in den Büschen herumtollen und Samen und Beeren sammeln, wie Singammer, die zierlich auf dünnen Zweigen balancieren und sogar weniger Aufsehen erregen als die meisten Vögel derselben Größe. Nur wenige der Sierra-Tiere interessieren mich mehr; sie sind so fähig, sanft, zutraulich und schön, dass sie einem das Herz erobern und als Lieblinge adoptiert werden. Obwohl sie kaum mehr wiegen als Feldmäuse, sind sie fleißige Sammler von Samen, Nüssen und Zapfen und daher gut genährt, aber nie im Geringsten fett aufgebläht oder träge vollgestopft. Im Gegenteil, ihre muntere, vogelartige Lebhaftigkeit kennt kein Ende. Sie haben eine große Vielfalt von Tönen, die ihren Bewegungen entsprechen, einige süß und flüssig, wie Wasser, das mit klingelnden Geräuschen in Pfützen tropft. Sie scheinen es innig zu lieben, einen Hund zu necken, kommen oft fast in Reichweite und hüpfen dann mit lebhaftem Geschnatter davon wie Spatzen und schlagen mit ihren Schwänzen den Takt zu ihrer Musik, die bei jedem Geschnatter Halbkreise von einer Seite zur anderen beschreiben. Nicht einmal das Douglas-Hörnchen ist trittsicherer oder furchtloser. Ich habe sie an steilen Abgründen der Yosemite-Wände herumlaufen sehen, scheinbar mit so wenig Anstrengung wie Fliegen und so unbewusst der Gefahr, dass sie beim geringsten Ausrutschen zwei- oder dreitausend Fuß in die Tiefe gestürzt wären. Wie schön wäre es, wenn wir Bergsteiger diese gewaltigen Klippen mit dem gleichen sicheren Halt erklimmen könnten! Der Ausflug, den ich neulich unternahm, um mir die Yosemite Falls anzusehen, war eine so schwere Nervenprobe, dass dieser kleine Tamias einem Grashalm gleichgekommen wäre.

Das Waldmurmeltier (*Arctomys monax*) der kahlen Berggipfel ist ein ganz anderer Bergbewohner – das rinderähnlichste aller Nagetiere, ein Vielfraß, fett, massig und ziemlich aufgebläht, auf seinen Hochweiden wie eine Kuh auf einem Kleefeld. Ein Waldmurmeltier wiegt mehr als hundert Streifenhörnchen, und doch ist es keineswegs ein langweiliges Tier. Inmitten dessen, was wir als sturmgepeitschte Trostlosigkeit betrachten, pfeift und pfeift es fröhlich und genießt ein langes Leben in seinen Himmelsheimen. Seinen Bau gräbt es in zerfallenen Felsen oder unter großen Felsblöcken. Wenn es an kalten, raureifbedeckten Morgen aus seiner Höhle kommt, nimmt es ein Sonnenbad auf einem seiner Lieblingsfelsen mit flacher Spitze, frühstückt dann in Gartenhöhlen, frisst Gras und Blumen, bis es angenehm aufgebläht ist, und geht dann auf Besuch, um zu kämpfen und zu spielen. Wie lange ein Murmeltier in dieser frischen Luft überlebt, weiß ich nicht, aber manche von ihnen sind rostig und grau wie flechtenbedeckte Felsbrocken.

1. August. Eine großartige Wolkenlandschaft und ein fünfminütiger Regenschauer erfrischen die gesegnete Wildnis, die bereits so duftend und frisch ist, und durchtränken den schwarzen Wiesenschimmel und die toten Blätter wie Tee.

Der Waycup oder Specht, der jedem Jungen in den alten Staaten des Mittleren Westens so vertraut ist, ist hier in der Gegend einer der häufigsten Spechte und vermittelt einem das Gefühl, zu Hause zu sein. Ich kann keinen Unterschied im Gefieder oder Verhalten zu den östlichen Arten erkennen, obwohl das Klima hier so anders ist – ein schöner, mutiger , zutraulicher, wunderschöner Vogel. Auch das Rotkehlchen ist hier, mit all seinen vertrauten Tönen und Gesten, es trippelt anmutig über offene Gartenplätze und Hochwiesen. In ganz Amerika scheint er zu Hause zu sein, bewegt sich von den Ebenen zu den Bergen und von Norden nach Süden, hin und her, auf und ab, im Lauf der Jahreszeiten und des Nahrungsangebots. Wie bewundernswert sind die Konstitution und das Temperament dieses mutigen Sängers, der sich in einem so weiten und abwechslungsreichen Gebiet bei bester Gesundheit hält! Oft, wenn ich durch diese ernsten Wälder wandere, ehrfurchtsvoll und still, höre ich die beruhigende Stimme dieses Mitwanderers süß und klar erklingen: „Fürchte dich nicht! Fürchte dich nicht!"

das Bergwachtel (*Oreortyx ricta*) – ein kleines braunes Rebhuhn mit einem sehr langen, schmalen, ornamentierten Schopf, der keck wie eine Feder auf der Mütze eines Jungen getragen wird, was ihm ein sehr markantes Aussehen verleiht. Diese Art ist wesentlich größer als das in den heißen Vorgebirgen so häufig vorkommende Chinesische Talwachtel. Sie lassen sich selten auf Bäumen nieder, sondern ziehen gern in Schwärmen von fünf oder sechs bis zwanzig Tieren durch das Ceanothus- und Manzanita-Dickicht und über offene, trockene Wiesen und Felsen der Höhenzüge, wo der Wald weniger dicht ist oder fehlt, und geben dabei ein leises Glucksen von sich, damit sie zusammenbleiben. Wenn sie gestört werden, erheben sie sich mit einem kräftigen Flügelschlag und zerstreuen sich wie explodiert auf eine Entfernung von etwa einer Viertelmeile. Wenn die Gefahr vorüber ist, rufen sie sich mit einem lauten Piepsen gegenseitig zusammen – die wunderschönen Berghühner der Natur. Ich habe ihre Nester noch nicht gefunden. Die Jungen dieser Saison sind bereits geschlüpft und unterwegs – neue Bruten glücklicher Wanderer, halb so groß wie ihre Eltern. Ich frage mich, wie sie die langen Winter überleben, wenn der Boden drei Meter hoch mit Schnee bedeckt ist. Sie müssen wie die Hirsche zum unteren Waldrand hinuntergehen, obwohl ich dort noch nie von ihnen gehört habe.

Auch das Blauhuhn oder das Graue Moorhuhn ist hier weit verbreitet. Es mag die tiefsten und dichtesten Tannenwälder und schießt, wenn es gestört wird, mit einem starken, lauten Flügelschlag aus den Zweigen der Bäume und verschwindet in einem schwankenden, lautlosen Gleiten, ohne eine Feder zu bewegen – ein kräftiger, schöner Vogel, etwa so groß wie das Präriehuhn des Wilden Westens, der die meiste Zeit in den Bäumen verbringt, mit Ausnahme der Brutzeit, wenn er sich am Boden aufhält. Die Jungen können jetzt fliegen. Wenn sie von Menschen oder Hunden verscheucht werden, bleiben sie still, bis die Gefahr vorüber zu sein scheint, dann ruft die Mutter sie zusammen. Die Küken können den Ruf aus mehreren hundert Metern Entfernung hören, obwohl er nicht laut ist. Wenn die Jungen nicht fliegen können, täuscht die Mutter verzweifelte Lahmheit oder Tod vor, um eines davon wegzulocken, indem sie sich innerhalb von zwei oder drei Metern vor die Füße des Jungen wirft, sich auf den Rücken rollt, tritt und keucht, um Mensch oder Tier zu täuschen. Sie sollen das ganze Jahr über in den Wäldern dieser Gegend bleiben, bei Schneestürmen Schutz in dichten, büscheligen Zweigen von Tannen und Gelbkiefern suchen und sich von den jungen Knospen dieser Bäume ernähren. Ihre Beine sind bis zu den Zehen gefiedert und ich habe nie gehört, dass sie bei irgendeiner Wetterlage leiden. Sie können von Kiefern- und Tannenknospen leben und sind in Bezug auf die Nahrung, die so vielen von uns Probleme bereitet und unsere Bewegungen kontrolliert, für immer unabhängig. Wenn ich könnte, würde ich um dieser großartigen Unabhängigkeit willen gern für immer von Kiefernknospen leben, egal wie voller Terpentin und Pech sie sind. Wenn ich nur an unsere Leiden im letzten Monat denke, nur um an Mehl aus der Getreidemühle zu kommen. Der Mensch scheint mehr Schwierigkeiten als jedes andere Geschöpf Gottes bei der Nahrungsbeschaffung zu haben. Für viele in den Städten ist es ein verzehrender, lebenslanger Kampf; Bei anderen ist die Gefahr, in Not zu geraten, so groß, dass sie sich eine tödliche Gewohnheit des endlosen Hortens für die Zukunft aneignen, die das wahre

Leben erstickt und noch lange anhält, nachdem alle vernünftigen Bedürfnisse bereits im Übermaß gedeckt sind.

Auf dem Mount Hoffman sah ich einen merkwürdigen taubenfarbenen Vogel, der halb Specht, halb Elster oder Krähe zu sein schien. Er schreit etwa wie eine Krähe, fliegt aber wie ein Specht und hat einen langen, geraden Schnabel, mit dem er, wie ich sah, die Zapfen des Berges und der weißrindigen Kiefern öffnete. Er scheint sich in den Höhen aufzuhalten, obwohl er im Winter zweifellos herunterkommt, um Schutz zu suchen, wenn nicht zum Essen. Was das Essen betrifft, können diese Bergvogel-Vögel, schätze ich, auch im Winter genügend Nüsse von den verschiedenen Nadelbaumarten sammeln; denn es gibt immer ein paar, die nicht aus den Zapfen fliegen konnten und für hungrige Wintersammler übrig bleiben.

KAPITEL VII

Eine seltsame Erfahrung

2. August. Wolken und Schauer, ungefähr so wie gestern. Ich habe den ganzen Tag auf dem North Dome bis vier oder fünf Uhr nachmittags skizziert. Während ich nur an die herrliche Landschaft des Yosemite dachte und versuchte, jeden Baum und jede Linie und jedes Merkmal der Felsen zu zeichnen, überkam mich plötzlich und ohne Vorwarnung die Vorstellung, dass mein Freund, Professor JD Butler von der State University of Wisconsin, unter mir im Tal war. Ich sprang auf, voller Vorstellung, ihn zu treffen, mit fast so viel überraschender Aufregung, als hätte er mich plötzlich berührt, um mich dazu zu bringen, aufzuschauen. Ich ließ meine Arbeit ohne die geringste Überlegung stehen, rannte den Westhang des Domes hinunter und am Rand der Talwand entlang und suchte nach einem Weg nach unten, bis ich zu einer Seitenschlucht kam, die, dem scheinbar kontinuierlichen Wachstum von Bäumen und Büschen nach zu urteilen, einen praktischen Weg ins Tal bieten könnte, und begann sofort, so spät es auch war, den Abstieg zu machen, als ob er unwiderstehlich angezogen wäre. Doch nach einer Weile hielt mich der gesunde Menschenverstand zurück und erklärte mir, dass es lange nach Einbruch der Dunkelheit sein würde, bevor ich das Hotel erreichen könnte, dass die Besucher schlafen würden, dass mich niemand kennen würde, dass ich kein Geld in der Tasche hätte und außerdem keinen Mantel. Ich zwang mich also, anzuhalten, und schaffte es schließlich, mir den Gedanken abzugewöhnen, meinen Freund im Dunkeln zu suchen, dessen Anwesenheit ich nur auf eine seltsame, telepathische Weise spürte. Es gelang mir, mich durch den Wald zurück zum Lager zu schleppen, ohne jedoch auch nur einen Augenblick in meinem Entschluss zu schwanken, am nächsten Morgen zu ihm hinunterzugehen. Ich glaube, dies ist der unerklärlichste Gedanke, der mir je gekommen ist. Hätte mir jemand ins Ohr geflüstert, während ich auf dem Dome saß, wo ich so viele Tage verbracht hatte, dass Professor Butler im Tal sei, hätte ich nicht überraschter und erschrockener sein können . Als ich die Universität verließ, sagte er: „Nun, John, ich möchte dich im Auge behalten und deine Karriere beobachten. Versprich mir, mir mindestens einmal im Jahr zu schreiben." Ich erhielt im Juli in unserem ersten Lager in der Senke einen Brief von ihm, geschrieben im Mai, in dem er sagte, dass er Kalifornien möglicherweise irgendwann in diesem Sommer besuchen würde und deshalb hoffte, mich zu treffen. Da er aber keinen Treffpunkt nannte und keine Anweisungen gab, welchen Weg er wahrscheinlich einschlagen würde, und da ich den ganzen Sommer in der Wildnis verbringen würde, hatte ich nicht die geringste Hoffnung, ihn zu sehen, und alle Gedanken an die Sache waren aus meinem

Kopf verschwunden, bis heute Nachmittag, als er mir fast körperlich ins Gesicht geweht wurde. Nun, morgen werde ich sehen; denn ob vernünftig oder unvernünftig, ich fühle, dass ich gehen muss.

3. August. Hatte einen wundervollen Tag. Habe Professor Butler gefunden, so wie die Kompassnadel den Pol findet. Die Telepathie, transzendentale Offenbarung oder wie immer man es auch nennen mag, von gestern Abend war also wahr; denn seltsamerweise hatte er das Tal gerade über den Coulterville Trail betreten und kam gerade an El Capitan vorbei, als mir seine Anwesenheit auffiel. Hätte er damals mit einem guten Fernglas zum North Dome geschaut, als er zum ersten Mal in Sicht kam, hätte er mich vielleicht von meiner Arbeit aufspringen und auf ihn zulaufen sehen. Dies scheint das einzige eindeutige Wunder meines Lebens zu sein, das man als übernatürlich bezeichnet; denn da ich in die fröhliche Natur vertieft war, haben mich Geisterbeschwörungen, das zweite Gesicht, Geistergeschichten usw. seit meiner Kindheit nie interessiert, da sie mir vergleichsweise nutzlos und unendlich weniger wunderbar erschienen als die offene, harmonische, liedhafte, sonnige, alltägliche Schönheit der Natur.

Als ich heute Morgen daran dachte, mich in einem Hotel unter Touristen aufhalten zu müssen, war ich beunruhigt, weil ich keine passende Kleidung hatte und bestenfalls verzweifelt schüchtern und scheu bin. Ich war jedoch entschlossen, meinen alten Freund nach zwei Jahren unter Fremden wiederzusehen; zog einen sauberen Overall, ein Kaschmirhemd und eine Art Jacke an – das Beste, was meine Campinggarderobe hergab –, band mein Notizbuch an meinen Gürtel und schritt, gefolgt von Carlo, auf meine seltsame Reise. Ich bahnte mir meinen Weg durch die Lücke, die ich am Abend entdeckt hatte und die sich als Indian Cañon herausstellte. Es gab keinen Pfad darin und die Felsen und das Gestrüpp waren so rau, dass Carlo mich häufig zurückrief, um ihm von steilen Stellen herunterzuhelfen. Als ich aus den Schatten des Cañons hervortrat, fand ich einen Mann, der auf einer der Wiesen Heu machte, und fragte ihn, ob Professor Butler im Tal sei. „Ich weiß es nicht", antwortete er; „aber Sie können es leicht im Hotel herausfinden. Im Moment sind nur wenige Besucher im Tal." Gestern Nachmittag kam eine kleine Gruppe vorbei, und ich hörte jemanden namens Professor Butler oder Butterfield oder so ähnlich."

Die Vernal Falls, Yosemite-Nationalpark

Vor dem düsteren Hotel fand ich eine Touristengruppe, die gerade ihre Angelausrüstung zurechtrückte. Sie alle starrten mich in stillem Staunen an, als hätte man mich gesehen, wie ich aus den Wolken durch die Bäume herabfiel, hauptsächlich, nehme ich an, wegen meiner seltsamen Kleidung. Als ich nach dem Büro fragte, wurde mir gesagt, es sei verschlossen und der Wirt sei abwesend, aber ich könnte die Wirtin, Mrs. Hutchings, im Salon finden. Ich trat in einem traurigen Zustand der Verlegenheit ein, und nachdem ich in dem großen, leeren Raum gewartet und an mehrere Türen geklopft hatte, erschien endlich die Wirtin und sagte auf meine Frage, sie glaube, Professor Butler *sei* im Tal, aber um sicherzugehen, würde sie das Register aus dem Büro mitbringen. Unter den Namen der letzten Ankömmlinge entdeckte ich bald die vertraute Handschrift des Professors, bei deren Anblick die Schüchternheit verschwand; und nachdem ich erfahren hatte, dass seine Gruppe das Tal hinaufgegangen war – wahrscheinlich zu den Vernal- und Nevada-Fällen –, setzte ich meine freudige Verfolgung fort, mein Herz war sich nun seiner Beute sicher. In weniger als einer Stunde erreichte ich die Spitze des Nevada Cañon am Vernal Fall und entdeckte gleich außerhalb der Gischt einen vornehm aussehenden Herrn, der mich, wie alle anderen, die ich heute gesehen habe, neugierig ansah, als ich näher kam. Als ich es wagte, ihn zu fragen, ob er wisse, wo Professor Butler sei, schien er noch neugieriger zu sein, was möglicherweise passiert sein könnte, das einen Boten für den Professor erforderte, und anstatt meine Frage zu beantworten, fragte er mit militärischer Schärfe: „Wer will ihn?" „Ich will ihn", antwortete ich mit gleicher Schärfe. „Warum? Kennen Sie *ihn* ?" „Ja", sagte ich. „Kennen *Sie* ihn?" Erstaunt darüber, dass irgendjemand in den Bergen Professor Butler kennen und ihn finden konnte, sobald er das Tal erreicht hatte, kam er herunter, um den seltsamen Bergbewohner auf Augenhöhe zu treffen, und antwortete höflich: „Ja, ich kenne Professor Butler sehr gut. Ich bin General Alvord, und wir waren vor langer Zeit, als wir beide jung waren, Studienkollegen in Rutland, Vermont." „Aber wo ist er jetzt?" Ich ließ nicht locker und schnitt ihm das Wort ab. „Er ist mit einem Begleiter über die Wasserfälle hinausgegangen, um zu versuchen, den großen Felsen zu erklimmen, dessen Spitze Sie von hier aus sehen." Sein Führer gab nun freiwillig die Information preis, dass es der Liberty Cap-Professor Butler und sein Begleiter gewesen seien, die hinaufklettern wollten, und dass ich sie sicher auf dem Weg nach unten finden würde, wenn ich am oberen Ende des Wasserfalls warten würde. Ich kletterte also die Leitern neben dem Vernal Fall hinauf und drängte vorwärts, entschlossen, in meiner Eile lieber auf den Gipfel des Liberty Cap-Felsens zu gelangen, als zu warten, falls ich meinen Freund nicht früher treffen sollte. Manchmal kann es einem so weh tun, einen Freund in Fleisch und Blut zu sehen, wie glücklich und sorglos das eigene Leben auch sein mag. Ich war jedoch nur ein kurzes Stück über die Kante des Vernal Falls hinausgegangen, als ich ihn im Gebüsch und den Felsen erblickte, halb aufrecht, sich seinen Weg bahnend, die Ärmel hochgekrempelt, die Weste offen, den Hut in der Hand, offensichtlich sehr heiß und müde. Als er mich kommen sah, setzte er sich auf einen Felsbrocken, um sich den Schweiß von Stirn und Nacken zu wischen. Er hielt mich für einen der Talführer und erkundigte sich nach dem Weg zu den Fallleitern. Ich zeigte auf den mit kleinen Steinhaufen markierten Pfad. Als er ihn sah, rief er seinen Begleiter und sagte, er habe den Weg gefunden. Aber er erkannte mich noch nicht. Dann stand ich direkt vor ihm, sah ihm ins Gesicht und streckte meine Hand aus. Er dachte, ich würde ihm beim Aufstehen helfen. „Macht nichts", sagte er. Dann sagte ich: „Professor Butler, kennen Sie mich nicht?" „Ich glaube nicht", antwortete er. Aber als er meinen Blick auffing, folgte plötzliches Erkennen und Erstaunen darüber, dass ich ihn gerade gefunden hatte, als er sich im Gebüsch verirrt hatte und nicht wusste, dass ich mich Hunderte von Meilen von ihm entfernt befand. „John Muir, John Muir, woher kommen Sie?" Dann erzählte ich ihm, wie ich seine Anwesenheit gespürt hatte, als er gestern Abend das Tal betrat, als er vier oder fünf Meilen entfernt war, während ich am North Dome saß und zeichnete. Das wunderte ihn natürlich nur noch mehr. Unterhalb des Vernal Falls wartete der Führer mit seinem Reitpferd, und ich ging den Pfad entlang und plauderte den ganzen Weg zurück zum Hotel, sprach über die Schulzeit, über Freunde in Madison, über die Studenten, wie es jedem gut ging usw., während ich ab und zu auf die gewaltigen Felsen um uns herum starrte, die in der Dämmerung immer undeutlicher wurden, und wieder aus den Dichtern zitierte – ein seltener Spaziergang.

Es war spät, bevor wir das Hotel erreichten, und General Alvord wartete auf die Ankunft des Professors zum Abendessen. Als ich vorgestellt wurde, schien er noch mehr erstaunt als der Professor über meinen Abstieg aus dem Wolkenland und meinen direkten Weg zu meinem Freund, ohne auf irgendeine gewöhnliche Weise zu wissen, dass er überhaupt in Kalifornien war. Sie waren direkt aus dem Osten gekommen, hatten noch keinen ihrer Freunde im Staat besucht und hielten sich für unauffindbar. Als wir beim Abendessen saßen, lehnte sich der General in seinem Stuhl zurück, blickte den Tisch hinunter und stellte mich den etwa zwölf Gästen vor, darunter dem oben erwähnten, starrenden Fischer: „Dieser Mann, wissen Sie, kam von diesen riesigen, weglosen Bergen herunter, um seinen Freund Professor Butler hier zu finden, am selben Tag, als er ankam; und woher wusste er, dass er hier war? Er spürte ihn einfach, sagt er. Das ist der merkwürdigste Fall schottischer Weitsicht, von dem ich je gehört habe" usw. usw. Während mein Freund Shakespeare zitierte: „Es gibt mehr Dinge im Himmel und auf Erden, Horatio, als sich deine Schulweisheit erträumt", „Wie die Sonne, ehe sie aufgegangen ist, manchmal ihr Bild ans Firmament malt, so gehen auch die Schatten der Ereignisse den Ereignissen voraus und gehen im Heute schon ins Morgen."

Hatte nach dem Abendessen ein langes Gespräch über die Madison-Tage. Der Professor möchte, dass ich ihm verspreche, irgendwann mit ihm auf einen Campingausflug auf die Hawaii-Inseln zu gehen, während ich versuchte, ihn dazu zu überreden, mit mir zurück zum Zelten in die High Sierra zu fahren. Aber er sagt: „Nicht jetzt." Er darf den General nicht verlassen; und ich war überrascht zu erfahren, dass sie das Tal morgen oder übermorgen verlassen müssen. Ich bin froh, dass ich nicht so groß bin, dass ich in der geschäftigen Welt vermisst werde.

4. August. Es kam mir seltsam vor, nach der geräumigen Pracht und dem Luxus des Sternenhimmels und des Weißtannenhains in einem armseligen

Hotelzimmer zu schlafen. Ich verabschiedete mich von meinem Freund und dem General. Der alte Soldat war sehr freundlich und ein interessanter Redner. Er erzählte mir lange Geschichten über den Seminolenkrieg in Florida, an dem er teilgenommen hatte, und lud mich ein, ihn in Omaha zu besuchen. Ich rief Carlo und kletterte durch das Tor des Indian Cañon nach Hause. Ich freute mich und bemitleidete den armen Professor und General, der an Uhren, Almanache, Befehle, Pflichten usw. gefesselt war und gezwungen war, in der Sorge, dem Staub und dem Lärm des Tieflandes zu leben, wo die Natur bedeckt und ihre Stimme erstickt ist, während der arme, unbedeutende Wanderer die Freiheit und Herrlichkeit von Gottes Wildnis genießt.

Abgesehen von den menschlichen Interessen meines heutigen Besuchs hat mir Yosemite sehr gefallen, das ich zuvor nur einmal besucht hatte, nachdem ich im vergangenen Frühjahr acht Tage damit verbracht hatte, zwischen seinen Felsen und Gewässern zu wandern. Wohin wir auch in die Berge oder in irgendeine von Gottes Wildnis gehen, wir finden mehr, als wir suchen. Wenn wir in wenigen Stunden 4000 Fuß hinabsteigen, betreten wir eine neue Welt – Klima, Pflanzen, Geräusche, Bewohner und Landschaft, alles neu oder verändert. In der Nähe des Lagers bildet die Goldcup-Eiche Chaparral-Schichten, auf denen wir unser Bett aufschlagen können. Wenn wir den Indian Cañon hinuntergehen, beobachten wir, wie sich dieser kleine Busch in regelmäßigen Abstufungen in einen großen Busch, einen kleinen Baum und dann in einen größeren verwandelt, bis wir auf den felsigen Schutthalden in der Nähe des Talgrundes feststellen, dass er sich zu einem breiten, weit ausladenden, knorrigen, malerischen Baum mit einem Durchmesser von 4 bis 8 Fuß und einer Höhe von 40 oder 50 Fuß entwickelt hat. Die Formen des Wassers sind zahllos. Jeder gleitende Fluss, jede Kaskade und jeder Wasserfall hat seinen eigenen Charakter. Hatte eine gute Sicht auf den Vernal und den Nevada, zwei der größten Wasserfälle des Tals, weniger als eine Meile voneinander entfernt und mit auffallenden Unterschieden in Stimme, Form, Farbe usw. Der Vernal, 400 Fuß hoch und etwa 75 oder 80 Fuß breit, fällt sanft über eine rundlippige Klippe und bildet eine prächtige Schürze aus grün-weißer Stickerei, leicht gefaltet und geriffelt, und behält diese Form fast bis zum Grund bei, wo er plötzlich von schnell fliegenden Wogen aus Gischt und Nebel eingehüllt wird, in denen die Sonnenstrahlen des Nachmittags in hinreißender Schönheit in Regenbogenfarben spielen. Der Nevada ist von seinem ersten Erscheinen an weiß, wenn er in die Freiheit der Luft hinausspringt. An der Spitze bietet er ein verdrehtes Aussehen durch eine Überfaltung der Strömung, die dadurch entsteht, dass er auf die Seite seines Kanals auftrifft, kurz bevor der erste freie Sprung nach außen gemacht wird. Etwa zwei Drittel des Weges hinunter stößt die hastende Schar kometenförmiger Massen auf einen geneigten Teil der Abgrundwand und wird zu noch weißerem Schaum geschlagen, weit ausgedehnt und nach außen geschleudert, was ein unbeschreiblich herrliches Schauspiel bietet, besonders wenn die Nachmittagssonne hineinströmt. In diesem Wasserfall – einem der wundervollsten der Welt – scheint das Wasser nicht der Herrschaft gewöhnlicher Gesetze zu unterliegen, sondern eher wie ein Lebewesen, erfüllt von der Kraft der Berge und ihrer riesigen, wilden Freude.

Unter schweren, pulsierenden Gischtstößen sieht man den gebrochenen Fluss in schroffen, von Felsbrocken abgeriebenen Streifen hervortreten. Diese sammeln sich rasch zu einem tosenden Strom und zeigen, dass der junge Fluss noch immer herrlich lebendig ist. Schreiend, brüllend und in seiner Kraft jubelnd fließt er weiter, durchquert eine Schlucht mit erhabener Energieentfaltung und breitet sich dann plötzlich auf einem sanft geneigten Pfad aus, den er in dünnen Schichten und Spitzenfalten in einen ruhigen Teich hinunterstürzt – „Emerald Pool", wie er genannt wird – ein Rastplatz, ein Punkt zwischen zwei großen Sätzen. Er ruht hier lange genug, um sich von seinen Schaumglocken und grauen Luftgemischen zu trennen, gleitet ruhig in einer breiten Schicht zum Rand des Vernal-Abgrunds und zeigt sich im Vernal Fall von neuem; dann mehr Stromschnellen und Felsstürze den Canyon hinunter, beschattet von Virginia-Eichen, Douglasien, Tannen, Ahorn und Hartriegel. Er nimmt den Nebenfluss Illilouette auf und schwingt sich weit in das ebene, sonnendurchflutete Tal, um sich dort mit den anderen Strömen zu vereinen, die wie er selbst tanzend und singend von schneebedeckten Höhen herabgeflogen sind, um den Hauptfluss Merced zu bilden – den Fluss der Barmherzigkeit. Aber dieser hat kein Ende, und wenn man darüber nachdenkt, ist das Leben so kurz. Aber egal, ein Tag inmitten dieser göttlichen Herrlichkeiten ist es wert, dafür zu leben, zu schuften und zu hungern.

Bevor ich mich von Professor Butler verabschiedete, schenkte er mir ein Buch und ich ihm eine meiner Bleistiftskizzen für seinen kleinen Sohn Henry, den ich sehr mag. Als ich noch Student war, besuchte er mich oft. Nie werde ich seine patriotischen Reden für die Union vergessen, die er auf einem hohen Stuhl hielt, als er erst sechs Jahre alt war.

Es scheint seltsam, dass Besucher des Yosemite-Nationalparks von seiner neuartigen Erhabenheit so wenig beeindruckt sind, als ob ihre Augen verbunden und ihre Ohren verstopft wären. Die meisten, die ich gestern sah, schauten nach unten, als ob sie sich überhaupt nicht bewusst wären, was um sie herum vor sich ging, während die erhabenen Felsen von den Tönen der mächtigen, singenden Wassermenge erzitterten, die sich aus allen Bergen der Umgebung versammelte und Musik machte, die Engel aus dem Himmel hätte holen können. Und doch befestigten respektabel aussehende, sogar weise aussehende Leute Würmer an gebogenen Drahtstücken, um Forellen zu fangen. Sport nannten sie es. Sollten Kirchgänger versuchen, sich die Zeit mit Angeln in Taufbecken zu vertreiben, während langweilige Predigten gehalten werden, wäre der sogenannte Sport vielleicht gar nicht so schlecht; aber im Yosemite-Tempel zu spielen und sich am Schmerz der um ihr Leben kämpfenden Fische zu erfreuen, während Gott selbst seine erhabensten Wasser- und Steinpredigten hält!

Die Happy Isles, Yosemite-Nationalpark

Jetzt bin ich wieder am Lagerfeuer und muss unwillkürlich daran denken, wie ich die Anwesenheit meines Freundes im Tal erkannte, als er vier oder fünf Meilen entfernt war und ich nicht wissen konnte, ob er nicht Tausende von Meilen entfernt war. Es scheint übernatürlich, aber nur, weil es nicht verstanden wird. Jedenfalls scheint es albern, so viel daraus zu machen, während das Natürliche und Gewöhnliche wahrhaft wunderbarer und geheimnisvoller ist als das sogenannte Übernatürliche. Tatsächlich sind die meisten Wunder, von denen wir hören, bei genauer Betrachtung unendlich weniger wunderbar als die gewöhnlichsten Naturphänomene. Vielleicht sind die unsichtbaren Strahlen, die mich trafen, als ich bei der Arbeit am Dom saß, so etwas wie jene, die Menschen auf den ersten Blick anziehen und abstoßen, über die so viel Unsinn geschrieben wurde. Die schlimmste scheinbare Wirkung dieser mysteriösen, seltsamen Dinge ist Blindheit gegenüber allem, was göttlich gewöhnlich ist. Ich stelle mir vor, Hawthorne könnte aus dieser kleinen telepathischen Episode, dem einzigen seltsamen Wunder meines Lebens, eine seiner unheimlichen Romanzen weben und dabei wahrscheinlich meinen guten alten Professor durch eine attraktive Frau ersetzen.

5. August. Wir wurden heute Morgen vor Tagesanbruch durch das wütende Bellen von Carlo und Jack und das Geräusch von Schafen, die davonlaufen, geweckt. Billy floh aus seinem Bett aus Stein zum Feuer und weigerte sich, in der Dunkelheit zu versuchen, die verstreute Herde zu sammeln oder die Ursache der Störung festzustellen. Es war ein Bärenangriff, wie wir später erfuhren, und ich nehme an, dass es wenig bringt, vor Tagesanbruch etwas zu unternehmen. Trotzdem wollten Carlo und ich unbedingt wissen, was los war, und tasteten uns durch den Wald, geleitet vom Rascheln der Teile der Herde. Wir hatten keine Angst vor dem Bären, denn ich wusste, dass die Ausreißer so weit wie möglich von ihrem Feind weglaufen würden, und Carlos Spürsinn war ebenfalls zuverlässig. Etwa eine halbe Meile östlich des Pferchs holten wir zwanzig oder dreißig Tiere der Herde ein und schafften es, sie zurückzutreiben; dann wandten wir uns nach Westen, verfolgten eine weitere Gruppe von Flüchtlingen und brachten sie zurück zur Herde. Nach Tagesanbruch entdeckte ich die Überreste eines noch warmen Schafs, was darauf hindeutete, dass Bruin sein frühes Hammelfrühstück genossen haben musste, während ich nach den Ausreißern suchte. Er hatte etwa die Hälfte davon aufgefressen. Sechs tote Schafe lagen im Korral, offensichtlich erdrückt von dem Gedränge und der Anhäufung der Herde an der Seite der Korralmauer, als der Bär eindrang. Carlo und ich machten einen großen Bogen um das Lager, entdeckten eine dritte Gruppe von Flüchtlingen und trieben sie zurück zum Lager. Wir entdeckten auch ein weiteres halb aufgefressenes totes Schaf, was zeigte, dass zwei der zottigen Freibeuter bei diesem frühen Frühstück dabei gewesen waren. Sie waren leicht aufzuspüren. Jeder von ihnen hatte ein Schaf gefangen, war mit ihnen über den Korralzaun gesprungen, hatte sie getragen wie eine Katze eine Maus, hatte sie etwa hundert Meter vom Korral entfernt am Fuße von Tannen abgelegt und sich sattgefressen. Nach dem Frühstück machte ich mich auf die Suche nach weiteren Verlorenen und fand in beträchtlicher Entfernung vom Lager fünfundsiebzig. Am Nachmittag gelang es mir, sie mit Carlos Hilfe wieder zur Herde zu bringen. Ich weiß nicht, ob alle wieder zusammen sind oder nicht. Ich werde heute Abend ein großes Feuer machen und Wache halten.

Als ich Billy fragte, warum er sein Lager aus morschem Holz neben dem Pferch aufgeschlagen hatte, obwohl es so viele bessere Plätze gab, antwortete er, er wolle „so nah wie möglich bei den Schafen sein, falls Bären sie angreifen sollten". Jetzt, wo die Bären da sind, hat er sein Lager an die andere Seite des Lagers verlegt und scheint Angst zu haben, dass man ihn mit einem Schaf verwechseln könnte.

Heute war der Tag hauptsächlich ein Schafstag, und natürlich wurde das Lernen unterbrochen. Trotzdem hat sich der Spaziergang durch die Dunkelheit des Waldes vor der Morgendämmerung gelohnt, und ich habe etwas über diese edlen Bären gelernt. Ihre Spuren sind sehr aufschlussreich, und ihr Frühstück auch. Heute kaum eine Spur von Wolken, und natürlich fehlt auch unser übliches Mittagsgewitter.

6. August. Gestern Abend haben wir die großartige Beleuchtung des Lagerhains genossen, die durch das Feuer entstand, das wir machten, um die Bären zu erschrecken – eine Entschädigung für den Schlaf- und Schafverlust. Die edlen Säulen des Grüns, leuchtend leuchtend, schienen in den Himmel zu schießen wie die Flammen, die sie erleuchteten. Trotzdem stattete uns einer der Bären einen weiteren Besuch ab, als ob er vom Feuer eher angezogen als abgestoßen wurde, kletterte in den Pferch, tötete ein Schaf und machte sich damit davon, ohne gesehen zu werden, während ein weiteres durch Trampeln und Ersticken an der Seite des Pferchs verloren ging. Jetzt, da wir unser Hammelfleisch gekostet haben, wird es vermutlich schwierig sein, den Verwüstungen dieser Freibeuter Einhalt zu gebieten.

Der Don kam heute aus dem Tiefland mit Proviant und einem Brief. Als er von den Verlusten erfuhr, die er erlitten hatte, beschloss er, die Herde sofort in die Region Upper Tuolumne zu bringen. Er sagte, die Bären würden das Lager jede Nacht besuchen, solange wir blieben, und kein Feuer oder Lärm, den wir machen würden, würde sie erschrecken. Außer ein paar dünnen, glänzenden Streifen am östlichen Horizont waren keine Wolken zu sehen. In der Ferne war Donner zu hören.

KAPITEL VIII

DER MONO TRAIL

7. August. Früh am Morgen verabschiedete ich mich von den Bären und dem gesegneten Lager der Weißtannen und bewegte mich langsam ostwärts entlang des Mono Trails. Bei Sonnenuntergang schlug ich mein Nachtlager auf einer der vielen kleinen Blumenwiesen auf, die ich auf meinem Ausflug zum Tenaya-See so sehr genossen hatte. Die staubige, laute Herde scheint in diesen Naturgärten unverschämt fremd und fehl am Platz zu sein, mehr noch als Bären unter Schafen. Der Schaden, den sie anrichten, geht einem zu Herzen, aber über all den Staub und Lärm erhebt sich herrliche Hoffnung und lässt mich auf eine schöne Zeit hoffen, in der ich genug Geld verdienen werde, um mit dem, was ich auf dem Rücken tragen kann, in der reinen Wildnis wandern zu können, wo ich will, und wenn der Brotsack leer ist, zum nächsten Punkt der Brotgrenze zu laufen, um mehr zu holen. Auch diese Wanderungen werden keine leeren Worte sein, denn ob bergauf oder bergab, jeder Schritt und Sprung auf diesen gesegneten Bergen ist voller guter Lektionen.

BLICK AUF DEN TENAYA-SEE MIT CATHEDRAL PEAK

EINER DER NEBENBRUNNEN DER TUOLUMNE CAÑON WATERS, AUF DER NORDSEITE DER HOFFMAN RANGE

8. August. Lager am Westende des Tenayasees. Ich kam früh an, machte einen Spaziergang auf den von Gletschern polierten Gehwegen entlang des Nordufers und erklomm den prächtigen Bergfelsen am Ostende des Sees, der jetzt im Licht des späten Nachmittags glänzt. Fast jeder Meter seiner Oberfläche zeigt die Ritz- und Polierwirkung eines großen Gletschers, der ihn umhüllte und schwer über seinen Gipfel hinwegfegte, obwohl er etwa zweitausend Fuß über dem See und zehntausend Fuß über dem Meeresspiegel liegt. Diese majestätische, uralte Eisflut kam von Osten, wie die Ritz- und Brechwirkung der Oberfläche zeigt. Sogar unter dem Wasser des Sees ist der Fels an manchen Stellen noch gefurcht und poliert; das Plätschern der Wellen und ihre zersetzende Wirkung haben noch nicht einmal die oberflächlichen Spuren der Vereisung ausgelöscht. Beim Erklimmen der steilsten polierten Stellen musste ich Schuhe und Strümpfe ausziehen. Dies ist eine schöne Region zum Studium der Gletscherwirkung bei der Gebirgsbildung. Ich fand viele bezaubernde Pflanzen: arktische Gänseblümchen, Phlox, weiße Spiraea, Bryanthus und Felsenfarne – Pellaea, Cheilanthes, Allosorus –, die die verwitterten Ränder bis hinauf zum Gipfel säumten; und kräftige Wacholder, große alte graue und braune Monumente, standen tapfer aufrecht auf zerklüfteten Stellen hier und da und erzählten Sturm- und Lawinengeschichten aus Hunderten von Wintern. Die Aussicht auf den See von oben ist meiner Meinung nach die beste von allen. Es gibt einen weiteren Felsen, der in seiner Form noch eindrucksvoller ist als dieser, der isoliert am oberen Ende des Sees steht, aber er ist nicht mehr als halb so hoch. Es ist ein Knubbel oder Knoten aus poliertem Granit, vielleicht etwa 300 Meter hoch, anscheinend so makellos und stark in der Struktur wie ein wellengeschliffener Kieselstein und verdankt seine Existenz wahrscheinlich dem überlegenen Widerstand, den er der Einwirkung der überlaufenden Eisflut bot.

Ich machte eine Skizze des Sees und schlenderte zurück zum Lager. Meine eisenbeschlagenen Schuhe klapperten auf dem Gehweg und störten die Streifenhörnchen und Vögel. Nach Einbruch der Dunkelheit ging ich zum Ufer – kein Lüftchen war zu sehen. Der See war ein perfekter Spiegel, der den Himmel und die Berge mit ihren Sternen und Bäumen und wundervollen Skulpturen reflektierte, ihre ganze Pracht verfeinert und verdoppelt – ein wunderbar eindrucksvolles Bild, das eher dem Himmel als der Erde anzugehören schien.

9. August. Ich ging der Herde voraus und überquerte die Wasserscheide zwischen dem Merced- und dem Tuolumne-Becken. Die Lücke zwischen dem östlichen Ende des Hoffman-Sporns und der Felsmasse um den Cathedral Peak scheint, obwohl sie durch Grate und wogende Falten aufgeraut ist, einer der Kanäle eines breiten alten Gletschers zu sein, der von den Bergen auf dem Gipfel des Gebirges kam. Beim Überqueren dieser Wasserscheide stieg der Eisfluss von den Tuolumne-Wiesen etwa 150 Meter hoch an. Diese gesamte Region muss von Eis überflutet worden sein.

Von der Spitze der Wasserscheide und auch von den großen Tuolumne Meadows aus ist der wunderbare Berg namens Cathedral Peak zu sehen. Von jedem Blickwinkel aus zeigt er eine ausgeprägte Individualität. Es ist ein majestätischer Tempel aus einem Stein, aus dem lebendigen Fels gehauen und mit Türmen und Spitzen im Stil einer Kathedrale geschmückt. Die Zwergkiefern auf dem Dach sehen aus wie Moos. Ich hoffe, irgendwann Zeit zu finden, ihn zu besteigen, um meine Gebete zu sprechen und die Predigten aus Stein zu hören.

Die großen Tuolumne Meadows sind blühende Rasenflächen, die entlang des südlichen Arms des Tuolumne River in einer Höhe von etwa 2.500 bis 3.500 Metern über dem Meeresspiegel liegen und teilweise durch Wälder und vergletscherte Granitstreifen voneinander getrennt sind. Hier scheinen die Berge abgetragen oder zurückgesetzt worden zu sein, so dass man in alle Richtungen weite Ausblicke hat. Das obere Ende der Reihe liegt am Fuße des Mount Lyell, das untere unterhalb des östlichen Endes der Hoffman Range, sodass die Länge etwa 16 bis 20 Kilometer betragen muss. Die Breite variiert zwischen einer Viertelmeile und vielleicht drei Vierteln, und entlang der Ufer der Nebenflüsse erstrecken sich viele Zweigwiesen. Dies ist das geräumigste und entzückendste Vergnügungsgelände, das ich je gesehen habe. Die Luft ist scharf und belebend, aber tagsüber warm; und obwohl sie hoch im Himmel liegt, sind die umliegenden Berge so viel höher, dass man sich wie in einer großen Halle geborgen fühlt. Die Mounts Dana und Gibbs, massive rote Berge, vielleicht 13.000 Fuß hoch oder mehr, begrenzen die Aussicht im Osten, die Cathedral Peaks und Unicorn Peaks mit vielen namenlosen Gipfeln im Süden, die Hoffman Range im Westen und eine Anzahl unbenannter Gipfel, soweit ich weiß, im Norden. Einer dieser letzten ist der Cathedral sehr ähnlich. Das Gras der Wiesen ist meist fein und seidig, mit äußerst schlanken Blättern, die eine dichte Grasnarbe bilden, über der die Rispen winziger violetter Blüten in luftiger, nebliger Leichtigkeit zu schweben scheinen, während die Grasnarbe mit mindestens drei Enzianarten und ebenso vielen oder mehr Orthocarpus-, Potentilla-, Ivesia-, Solidago- und Pentstemon-Arten mit ihren bunten Farben – violett, blau, gelb und rot – angereichert ist, die ich alle bald besser kennen werde. In dieser Region wird wahrscheinlich ein zentrales Lager errichtet, von dem aus ich hoffe, lange Ausflüge in die umliegenden Berge zu unternehmen.

Auf dem Rückweg traf ich die Herde etwa drei Meilen östlich des Tenayasees. Hier schlugen wir unser Nachtlager in der Nähe eines kleinen Sees auf, der oberhalb der Wasserscheide in einer Ansammlung von zweiblättrigen Kiefern lag. Wir befinden uns jetzt etwa 2.700 Meter über dem Meeresspiegel. Kleine Seen gibt es in Hülle und Fülle an allen möglichen Stellen – auf Bergrücken, an Berghängen und in Moränenhaufen, die meisten davon sind bloße Tümpel. Nur in den Schluchten der größeren Flüsse am Fuße der Abhänge, wo der Abwärtsschub der Gletscher am stärksten war, finden wir Seen von beträchtlicher Größe und Tiefe. Was für eine dankbare Aufgabe wäre es, sie alle aufzuspüren und zu studieren! Wie rein ist ihr Wasser, klar wie Kristall in polierten Steinbecken! Soweit ich gesehen habe, gibt es in keinem von ihnen Fische, vermutlich weil sie durch Wasserfälle unzugänglich sind. Dennoch könnte man meinen, ihre Eier könnten durch Zufall in diese Seen gelangen, zum Beispiel an den Füßen von Enten, in ihren Mündern oder in ihren Kropf, so wie manche Pflanzensamen verteilt werden. Die Natur kennt so viele Möglichkeiten, solche Dinge zu tun. Wie haben es die Frösche, die man in allen Sümpfen, Tümpeln und Seen findet, egal wie hoch sie sind, geschafft, diese Berge hinaufzukommen? Sicherlich nicht durch Springen. Solche Ausflüge durch kilometerlanges trockenes Gestrüpp und Geröll wären für Frösche sehr anstrengend. Vielleicht verfängt sich ihr faseriger, gallertartiger Laich gelegentlich an den Füßen von Wasservögeln oder bleibt daran kleben. Wie dem auch sei, sie sind hier und kerngesund und haben eine gute Stimme. Ich mag ihr fröhliches Geschrei und Gezwitscher. Im Notfall ersetzen sie Singvögel.

10. August. Wieder einer dieser bezaubernden, berauschenden Tage, die das Blut zum Tanzen bringen und Nervenströme anregen, die einen unermüdlich und nahezu unsterblich machen. Hatte noch einmal einen Blick auf die breite, eisgepflügte Wasserscheide und blickte immer wieder auf den Sierra-Tempel und die großen roten Berge östlich der Wiesen.

Wir haben in der Nähe der Soda Springs auf der Nordseite des Flusses unser Lager aufgeschlagen. Es war eine harte Zeit, die Schafe hinüberzubringen. Sie wurden in eine Hufeisenkurve getrieben und ziemlich vom Ufer gedrängt. Sie schienen lieber zu sterben als zu riskieren, nass zu werden, obwohl sie gut genug schwimmen, wenn es sein muss. Warum Schafe so eine grundlose Angst vor Wasser haben, weiß ich nicht, aber sie fürchten es von Geburt an und vielleicht auch schon vorher. Einmal sah ich ein Lamm, das erst wenige Stunden alt war, sich einem seichten Bach nähern, der etwa zwei Fuß breit und einen Zoll tief war, nachdem es auf seiner Lebensreise nur etwa hundert Meter zurückgelegt hatte. Die ganze Herde, zu der es gehörte, hatte diesen Zoll tiefen Bach überquert, und da die Mutter und ihr Lamm als letzte hinübergingen, hatte ich eine gute Gelegenheit, sie zu beobachten. Sobald die Herde aus dem Weg war, ging die besorgte Mutter hinüber und rief das Junge. Es ging vorsichtig zum Rand, starrte auf das Wasser, blökte kläglich und weigerte sich, sich hineinzuwagen. Die geduldige Mutter ging immer wieder zu ihm zurück, um es zu ermutigen, aber lange ohne Erfolg. Wie der Pilger am stürmischen Ufer des Jordan fürchtete es sich, loszuspringen. Schließlich sammelte es seine zitternden, unerfahrenen Beine für die gewaltige Anstrengung, warf den Kopf hoch, als wüsste es alles über das Ertrinken und wollte seine Nase unbedingt über Wasser halten, machte den gewaltigen Sprung und landete mitten im zentimetertiefen Strom. Es schien erstaunt, dass es nicht bis über Kopf und Ohren einsank, sondern nur seine Zehen nass waren, starrte ein paar Sekunden in das glitzernde Wasser und sprang dann sicher und trocken durch das schreckliche Abenteuer ans Ufer. Alle Arten von Wildschafen sind Bergtiere, und die Angst ihrer Nachkommen vor Wasser ist nicht leicht zu erklären.

11. August. Schönes, strahlendes Wetter, mittags ein zehnminütiges Gewitter und Regen. Den ganzen Tag unterwegs, um die Gegend nördlich des Flusses kennenzulernen. Einen kleinen See und viele bezaubernde Gletscherwiesen gefunden, eingebettet in einen ausgedehnten Wald aus Zweiblattkiefern. Der Wald wächst auf breiten, fast durchgehenden Ablagerungen von Moränenmaterial, ist bemerkenswert gleichmäßig in seinem Wuchs und die Bäume stehen viel dichter beieinander als in den Tannen- oder Kiefernwäldern weiter unten in der Bergkette. Die Gleichmäßigkeit des Wuchses scheint darauf hinzudeuten, dass die Bäume alle gleich alt oder fast gleich alt sind. Diese Regelmäßigkeit ist wahrscheinlich größtenteils das Ergebnis von Feuer. Ich sah mehrere große Flecken und Streifen abgestorbener, gebleichter Masten, der Boden darunter war mit einem jungen, gleichmäßigen Wuchs bedeckt. In diesen Wäldern kann Feuer entstehen, nicht nur, weil die dünne Rinde der Bäume von Harz trieft, sondern auch, weil der Wuchs dicht ist und der vergleichsweise reiche Boden gute Ernten von hohen, breitblättrigen Gräsern hervorbringt, auf denen sich Feuer ausbreiten kann, selbst wenn das Wetter ruhig ist. Außer diesen vom

Feuer zerstörten Stellen gibt es hier und da noch eine ganze Menge umgestürzter, entwurzelter Bäume, einige mit noch Rinde und Nadeln, als wären sie vor kurzem bei einem Gewitter umgeweht worden. Habe einen großen Schwarzwedelhirsch gesehen, einen Bock mit Geweihen wie die umgedrehten Wurzeln einer umgestürzten Kiefer.

Nach einem langen Spaziergang durch die dichten, dichten Wälder gelangte ich auf eine glatte Wiese, die wie ein See aus Licht in Sonnenschein getaucht war, etwa anderthalb Meilen lang, eine Viertel- bis halbe Meile breit und von hohen, pfeilförmigen Kiefern begrenzt. Der Rasen besteht, wie der aller Gletscherwiesen hier in der Gegend, hauptsächlich aus seidigem Agrostis und Calamagrostis; ihre Rispen mit violetten Blüten und violetten Stängeln, außerordentlich leicht und luftig, scheinen wie eine dünne Nebelwolke über dem grünen Blätterplüsch zu schweben, während der Rasen von mehreren Arten von Enzian, Potentilla, Ivesia, Orthocarpus und den dazugehörigen Bienen und Schmetterlingen erhellt wird. Alle Gletscherwiesen sind wunderschön, aber nur wenige sind so perfekt wie diese. Im Vergleich dazu sind die sorgfältigsten, geglätteten, geleckten und geschnittenen Kunstrasen von Vergnügungsparks grobe Dinger. Ich würde gerne für immer hier leben. Es ist so ruhig und zurückgezogen und doch offen für das Universum in voller Gemeinschaft mit allem Guten. Nördlich dieser herrlichen Wiese entdeckte ich das Lager einiger indianischer Jäger. Ihr Feuer brannte noch, aber sie waren noch nicht von der Jagd zurückgekehrt.

Von Wiese zu Wiese, jede unbeschreiblich schön, und von See zu See durch Haine und Gürtel aus pfeilförmigen Bäumen bahnte ich mir meinen Weg nach Norden zum Mount Conness und fand überall sagenhafte Schönheit, während die umliegenden Berge „Komm" riefen. Ich hoffe, ich werde sie alle besteigen können.

12. August. Die Himmelslandschaft hat sich bisher mit der Höhenänderung kaum verändert. Wolkenhöhe etwa 0,05. Herrliche perlmuttfarbene Cumuli, violett getönt von unbeschreiblicher Feinheit der Farbtöne. Lager auf die Seite der oben erwähnten Gletscherwiese verlegt. Schafe einen so göttlich schönen Ort zertrampeln zu lassen, erscheint barbarisch. Glücklicherweise ziehen sie das saftige breitblättrige Triticum und andere Waldgräser den seidigen Arten der Wiesen vor und beißen sie daher selten oder betreten sie selten.

GLETSCHERWIESE, AN DEN QUELLGEWÄSSERN DES TUOLUMNE, 9500 FUSS ÜBER DEM MEER

Der Schäfer und der Don können sich nicht über die Methoden des Hütens einigen. Billy hetzt seinen Hund Jack viel zu oft auf die Schafe, findet der Don. Und nach einem Disput heute, bei dem der Schäfer lautstark das Recht beanspruchte, die Schafe so oft zu hüten, wie er wolle, machte er sich auf den Weg in die Prärie. Nun werde ich wohl die Schafspflege übernehmen, obwohl Mr. Delaney verspricht, das Hüten eine Zeit lang selbst zu übernehmen, dann ins Tiefland zurückzukehren und einen anderen Schäfer mitzubringen, damit ich frei umherziehen kann, wie ich will.

Hatte eine weitere lohnende Wanderung. Bin weiter nach Norden gegangen, über die Wälder hinaus, zum oberen Ende des allgemeinen Beckens, wo die Spuren der Gletscheraktivität auffallend klar und interessant zu erkennen sind. Die Vertiefungen zwischen den Gipfeln sehen aus wie Steinbrüche, so rau und frisch sind die Moränensplitter und Felsbrocken, die den Boden in den Gletscherwerkstätten der Natur übersäen.

Bald nach meiner Rückkehr ins Lager bekamen wir Besuch von einem Indianer, wahrscheinlich einem der Jäger, deren Lager ich entdeckt hatte. Er kam, wie er sagte, mit anderen seines Stammes aus Mono, um Hirsche zu jagen. Einen, den er ein Stück von hier erlegt hatte, trug er auf seinem Rücken, die Beine zu einem dekorativen Bündel auf seiner Stirn zusammengebunden. Er warf seine Last ab, starrte ein paar Minuten lang in stummer Indianermanier, schnitt dann acht oder zehn Pfund Wildbret für uns ab und bat um ein „Lill" (ein bisschen) von allem, was er sah oder sich vorstellen konnte – Mehl, Brot, Zucker, Tabak, Whisky, Nadeln usw. Wir zahlten einen fairen Preis für das Fleisch in Mehl und Zucker und fügten ein paar Nadeln hinzu. Ein seltsam schmutziges und unregelmäßiges Leben führen diese dunkeläugigen, dunkelhaarigen, halb glücklichen Wilden in dieser sauberen Wildnis – Hunger und Überfluss, todesähnliche Ruhe, Trägheit und bewundernswerte, unermüdliche Tatkraft, die einander in stürmischem Rhythmus wie Winter und Sommer ablösen. Sie haben zwei Dinge, um die sie zivilisierte Arbeiter beneiden könnten – saubere Luft und sauberes Wasser. Diese helfen dabei, die Schlechtigkeit ihres Lebens zu verdecken und zu heilen. Ihre Nahrung besteht hauptsächlich aus guten Beeren, Pinienkernen, Klee, Lilienzwiebeln, wilden Schafen, Antilopen, Rehen, Moorhühnern, Salbeihühnern und den Larven von Ameisen, Wespen, Bienen und anderen Insekten.

13. August. Tagsüber nur Sonnenschein, Morgen- und Abendrot, Mittagsgold, keine Wolken, die Luft regungslos. Mr. Delaney kam mit zwei Schafhirten an, einer davon ein Indianer. Auf seinem Weg von der Ebene ließ er einige Vorräte im portugiesischen Lager am Porcupine Creek in der Nähe unseres alten Yosemite-Lagers zurück, und ich machte mich heute Morgen mit einem der Lasttiere auf den Weg, um sie zu holen. Kam mittags im Porcupine-Lager an und hätte spät am Abend zum Tuolumne zurückkehren können, beschloss aber, auf ihre dringende Einladung hin bei den portugiesischen Schafhirten zu übernachten. Sie hatten traurige Geschichten über Verluste durch die Yosemite-Bären zu erzählen und waren so entmutigt, dass sie im Begriff zu sein schienen, die Berge zu verlassen; denn die Bären kamen jede Nacht und machten sich trotz aller Bemühungen, sie fernzuhalten, an ein oder mehrere Tiere der Herde zu schaffen.

Ich verbrachte den Nachmittag mit einem großen Spaziergang entlang der Yosemite-Wände. Vom höchsten der Felsen, den Three Brothers, genoss ich eine herrliche Aussicht auf die gesamte obere Hälfte des Talbodens und fast alle Felsen der Wände auf beiden Seiten und am Kopf, mit schneebedeckten Gipfeln im Hintergrund. Ich sah auch die Vernal- und Nevada-Fälle, ein wahrhaft herrliches Bild – felsige Stärke und Beständigkeit kombiniert mit der Schönheit zarter und feiner und vergänglicher Pflanzen; Wasser, das donnernd herabstürzt und dasselbe Wasser in sanftester Schönheit durch Wiesen und Wälder gleitet. Dieser Standpunkt liegt etwa 2.400 Meter über dem Meer oder 1.200 Meter über dem Talboden, und jeder Baum, obwohl er klein und federleicht aussieht, steht in bewundernswerter Klarheit, und die Schatten, die sie werfen, sind in ihren Umrissen so deutlich, als ob man sie aus einer Entfernung von wenigen Metern sehen würde. Sie erschienen sogar noch deutlicher. Keine Worte werden jemals die exquisite Schönheit und den Charme dieses Bergparks beschreiben können – der Landschaftsgarten der Natur, der zugleich zart schön und erhaben ist. Kein Wunder, dass es Naturliebhaber aus aller Welt anzieht.

Sogar auf diesem hohen Gipfel ist die Gletscheraktivität deutlich zu erkennen. Das schöne Tal, das jetzt im Sonnenschein strahlt, ist nicht nur bis zum Rand mit Eis gefüllt, sondern auch noch stark überflutet.

Ich besuchte unseren alten Yosemite-Campingplatz an der Quelle des Indian Creek und fand ihn ziemlich übersät mit Bärenspuren. Die Bären hatten alle Schafe gefressen, die im Korral erstickt waren, und einige der prächtigen Tiere müssen gestorben sein, denn Mr. Delaney hatte vor seiner Abreise vom Lager eine große Menge Gift in die Kadaver getan. Alle Schafhirten tragen Strychnin bei sich, um Kojoten, Bären und Panther zu töten, obwohl weder Kojoten noch Panther in den höheren Bergen sehr zahlreich sind. Die kleinen hundeartigen Wölfe sind in der Vorgebirgsregion und auf den Ebenen weitaus zahlreicher, wo sie eine bessere Nahrungsquelle finden – ich habe nur eine Pantherspur über 2.500 Meter gesehen.

Die Drei Brüder, Yosemite-Nationalpark

Als ich nach Sonnenuntergang zum portugiesischen Lager zurückkehrte, fand ich die Hirten sehr aufgeregt über das Verhalten der Bären, die Hammelfleisch zu mögen gelernt haben. „Sie werden immer schlimmer", klagten sie. Sie sind nicht bereit, bis nach Einbruch der Dunkelheit auf ihr Abendessen zu warten, sondern kommen und töten und fressen sich am helllichten Tag satt. Am Abend vor meiner Ankunft, als die beiden Hirten die Herde eine halbe Stunde vor Sonnenuntergang gemächlich zum Lager trieben, kam ein hungriger Bär wenige Meter von ihnen entfernt aus dem Chaparral und schlurfte zielstrebig auf die Herde zu. „Portugiesischer Joe", der immer ein mit Schrot geladenes Gewehr bei sich trug, feuerte aufgeregt, warf sein Gewehr weg, floh zum nächsten geeigneten Baum und kletterte auf eine sichere Höhe, ohne abzuwarten, welche Wirkung sein Schuss hatte. Sein Begleiter rannte ebenfalls, sagte aber, er habe gesehen, wie sich der Bär auf die Hinterbeine erhob und die Arme ausstreckte, als ob er nach jemandem tastete, und dann wie verwundet ins Gebüsch verschwand.

In einem anderen ihrer Lager in dieser Gegend wurde die Herde vor Sonnenuntergang von einem Bären mit zwei Jungen angegriffen, als sie sich gerade dem Pferch näherten. Joe kletterte sofort auf einen Baum, um sich der Gefahr zu entziehen, während Antone seinen Gefährten für seine Feigheit tadelte, seine Herde im Stich zu lassen, und sagte, er würde nicht zulassen, dass Bären bei Tageslicht „seine Schafe fressen". Er rannte schreiend auf die Bären zu und hetzte seinen Hund auf sie. Die verängstigten Jungen kletterten auf einen Baum, aber die Mutter rannte dem Hirten entgegen und schien kampflustig zu sein. Antone stand einen Moment erstaunt da und beäugte den herannahenden Bären, dann drehte er sich um und floh, dicht verfolgt. Da er keinen geeigneten Baum zum Klettern erreichen konnte, rannte er zum Lager und kletterte auf das Dach der kleinen Hütte. die Bärin folgte ihm, kletterte aber nicht auf das Dach, sondern starrte ihn nur ein paar Minuten lang an, bedrohte ihn und hielt ihn in Todesangst, ging dann zu ihren Jungen, rief sie herunter, ging zur Herde, fing ein Schaf zum Abendessen und verschwand im Gebüsch. Sobald die Bärin die Hütte verlassen hatte, bat der zitternde Antone Joe, ihm einen guten, sicheren Baum zu zeigen, auf den er kletterte wie ein Seemann auf einen Mast und blieb dort, solange er sich festhalten konnte, da der Baum fast ohne Äste war. Nach diesen verheerenden Erfahrungen hackten und sammelten die beiden Hirten große Stapel trockenes Holz und machten jeden Abend einen Feuerring um den Pferch, während einer mit einem Gewehr von einer bequemen Bühne aus, die auf einer benachbarten Kiefer errichtet war und von der aus man den Pferch überblicken konnte, Wache hielt. An diesem Abend war das Schauspiel des Feuerkreises sehr schön, es hob die umliegenden Bäume in eindrucksvollem Relief hervor und ließ die Tausenden von Schafsaugen wie ein herrliches Bett aus Diamanten leuchten.

14. August. Bis ich gestern Abend zu Bett ging, war alles ruhig, obwohl wir die zottigen Freibeuter jede Minute erwarteten. Sie kamen erst gegen Mitternacht, als ein Paar mutig zum Pferch zwischen zwei der großen Feuer ging, hineinkletterte, zwei Schafe tötete und zehn erstickte, während der verängstigte Wächter im Baum keinen einzigen Schuss abfeuerte und sagte, er habe Angst, einige der Schafe zu töten, denn die Bären seien in den Pferch gekommen, bevor er sie gut sehen konnte. Ich sagte den Hirten, sie sollten die Herde sofort in ein anderes Lager bringen. „Oh, sinnlos, sinnlos", klagten sie; „wohin wir gehen, gehen auch die Bären. Seht meine armen toten Schafe

– bald alle tot. Es hat keinen Sinn, es in einem anderen Lager zu versuchen. Wir gehen hinunter in die Ebene." Und wie ich später erfuhr, wurden sie einen Monat früher als sonst aus den Bergen vertrieben. Wären die Bären zahlreicher und zerstörerischer, würden die Schafe ganz und gar ferngehalten.

Es scheint seltsam, dass Bären, die so gern Fleisch essen und dabei das Risiko von Gewehren, Feuer und Gift eingehen, niemals Menschen angreifen, außer um ihre Jungen zu verteidigen. Wie leicht und sicher könnte ein Bär uns im Schlaf auflesen! Nur Wölfe und Tiger scheinen gelernt zu haben, Menschen als Nahrung zu jagen, und vielleicht auch Haie und Krokodile. Ich nehme an, dass Mücken und andere Insekten in manchen Teilen der Welt einen hilflosen Menschen verschlingen würden, und das könnten manchmal auch Löwen, Leoparden, Wölfe, Hyänen und Panther tun, wenn sie vom Hunger getrieben werden – aber unter normalen Umständen kann man unter den Landtieren vielleicht nur den Tiger als Menschenfresser bezeichnen – es sei denn, wir zählen den Menschen selbst dazu.

Wolken wie üblich, etwa 0,05. Ein weiterer herrlicher Tag in der Sierra, warm, frisch, duftend und klar. Viele der blühenden Pflanzen haben Samen gebildet, aber viele andere entfalten jeden Tag ihre Blütenblätter, und die Tannen und Kiefern duften mehr denn je. Ihre Samen sind fast reif und werden bald in den fröhlichsten Schwärmen fliegen, die jemals ihre Flügel ausgebreitet haben.

Auf dem Rückweg zu unserem Lager in Tuolumne genoss ich die Landschaft, wenn möglich, noch mehr als beim ersten Blick. Jeder Aspekt kommt mir bereits bekannt vor, als hätte ich schon immer hier gelebt. Ich werde nie müde, die wunderbare Kathedrale anzuschauen. Sie hat mehr individuellen Charakter als jeder andere Felsen oder Berg, den ich je gesehen habe, mit Ausnahme vielleicht des Yosemite South Dome. Auch die Wälder kommen mir freundlich vertraut vor, ebenso die Seen und Wiesen und fröhlich singenden Bäche. Ich möchte für immer bei ihnen wohnen. Hier mit Brot und Wasser wäre ich zufrieden. Selbst wenn ich nicht umherstreifen und klettern dürfte, an einen Pfahl oder Baum in irgendeiner Wiese oder einem Wäldchen gebunden, wäre ich für immer zufrieden. In solch einer Schönheit getaucht, die sich ständig verändernden Ausdrücke auf den Bergwänden zu beobachten, die Sterne zu beobachten, die hier eine Pracht haben, von der der Tieflandbewohner nicht einmal zu träumen wagt, die wechselnden Jahreszeiten zu beobachten, den Liedern der Gewässer und Winde und Vögel zu lauschen, wäre ein endloses Vergnügen. Und was für herrliche Wolkenlandschaften würde ich sehen, Stürme und Windstillen – jeden Tag einen neuen Himmel und eine neue Erde, ja, und neue Bewohner. Und wie viele Besucher würde ich haben. Ich bin sicher, dass mir kein einziger langweiliger Moment werden würde. Und warum sollte dies extravagant erscheinen? Es ist nur gesunder Menschenverstand, ein Zeichen von Gesundheit, echter, natürlicher, wachen Gesundheit. Man wäre bei einem endlosen göttlichen Schauspiel und was für Reden und Musik und Schauspiel und Kulissen und Lichter! – Sonne, Mond, Sterne, Polarlichter. Die Schöpfung beginnt gerade erst, die Morgensterne „singen noch gemeinsam und alle Söhne Gottes jubeln vor Freude.“

KAPITEL IX

BLOODY CAÑON UND MONO LAKE

21. August. Bin gerade von einer schönen wilden Exkursion über die Gebirgskette zum Mono Lake über den Mono- oder Bloody Cañon Pass zurückgekehrt. Mr. Delaney war den ganzen Sommer gut zu mir und hat mir bei jeder Gelegenheit mitfühlend und helfend zur Seite gestanden, als wären meine wilden Ideen, Streifzüge und Studien seine eigenen. Er ist einer jener bemerkenswerten Kalifornier, die von den aufregenden Goldfeldern überflutet, entblößt und umgestaltet wurden, wie die Landschaften der Sierra durch das Schleifen von Eis, wodurch die härteren Buckel und Gebirgskämme des Charakters hervorgehoben wurden – ein großer, schlanker, großknochiger, großherziger Ire, der am Maynooth College zum Priester ausgebildet wurde – viel Gutes in ihm, das ab und zu in diesem Berglicht hervorscheint. Da er meine Liebe zu wilden Orten erkannte, sagte er mir eines Abends, ich solle durch den Bloody Cañon gehen, denn er sei sicher, ich würde ihn wild genug finden. Er sei selbst nicht dort gewesen, sagte er, aber viele seiner Bergarbeiterfreunde hätten gehört, dass es der wildeste aller Sierrapässe sei. Natürlich war ich froh, dorthin zu gehen. Er liegt direkt östlich unseres Lagers und fällt vom Gipfel des Gebirges bis zum Rand der Monowüste ab. Auf einer Strecke von etwa vier Meilen ist er etwa 4000 Fuß bergab. Er war als Pass für wilde Tiere und Indianer bekannt und wurde von ihnen lange vor seiner Entdeckung durch die Weißen im goldenen Jahr 1858 genutzt, wie alte Pfade belegen, die an seinem Anfang zusammenlaufen. Der Name könnte von der roten Farbe der metamorphen Schiefer stammen, die in dem Canyon in Hülle und Fülle vorkommen, oder von den Blutflecken auf den Felsen, die von den unglücklichen Tieren stammen, die gezwungen waren, über die scharfkantigen Felsbrocken zu rutschen und zu schlurfen.

Früh am Morgen band ich mir mein Notizbuch und etwas Brot an den Gürtel und schritt voller freudiger Hoffnung davon, in dem Gefühl, dass ich ein herrliches Fest erleben würde. Die Gletscherwiesen, die meinen Weg säumten, trugen dazu bei, meine morgendliche Geschwindigkeit zu dämpfen, denn der Rasen war voller blauer Enzianen und Gänseblümchen, Kalmia und Zwerg-Vaccinium, die als alte Freunde nach Anerkennung verlangten, und ich musste oft anhalten, um die glänzenden Felsen zu untersuchen, über die der alte Gletscher mit enormem Druck hinweggeglitten war und die er so gut poliert hatte, dass sie das Sonnenlicht an manchen Stellen wie Glas reflektierten, während feine Rillen, die durch eine Linse deutlich zu sehen waren, die Richtung anzeigten, in die das Eis geflossen war. Auf einigen der schrägen polierten Gehwege finden sich abrupte Stufen, die zeigen, dass gelegentlich große Gesteinsmassen sowie kleine Partikel vor dem Gletscherdruck nachgegeben hatten; auch Moränen, einige verstreut, andere regelmäßig wie lange, geschwungene Dämme und Dämme, finden sich hier und da und verleihen der allgemeinen Oberfläche der Region ein junges, neu geschaffenes Aussehen. Beim Aufstieg beobachtete ich, wie die Kiefern allmählich kleiner wurden und fast die gesamte übrige Vegetation. An den Hängen des Mammoth Mountain, südlich des Passes, sah ich viele Lücken im Wald, die vom oberen Rand der Baumgrenze bis zu den ebenen Wiesen reichten, wo Schneelawinen herabgefallen waren und jeden Baum auf ihrem Weg sowie den Boden, auf dem sie wuchsen, weggefegt hatten, sodass das Grundgestein kahl blieb. Die Bäume sind fast alle entwurzelt, aber einige, die sehr gut in Felsspalten verankert waren, sind in Bodennähe abgebrochen. Auf den ersten Blick erscheint es seltsam, dass Bäume, die ein Jahrhundert oder länger ungestört wachsen durften, im Alter auf einen Schlag weggefegt werden. Solche Lawinen können nur unter seltenen Wetter- und Schneebedingungen auftreten. Zweifellos ist die Neigung und Glätte der Oberfläche an manchen Stellen der Berghänge so, dass es jeden Winter oder sogar nach jedem schweren Schneesturm zu Lawinen kommen muss, und natürlich können in ihren Rinnen weder Bäume noch Büsche wachsen. Ich bemerkte einige sauber gefegte Hänge dieser Art. Die entwurzelten Bäume, die im Weg der sogenannten „Jahrhundertlawinen“ gewachsen waren, wurden in Schwaden aufgehäuft und eng an die Mauerbäume der Lücken gedrückt, mit den Köpfen nach unten, mit Ausnahme einiger, die in das offene Gelände der Wiesen getragen wurden, wo die Köpfe der Lawinen angehalten hatten. Junge Kiefern, hauptsächlich zweiblättrige und weißrindige, sprießen bereits in diesen geräumten Lücken. Es wäre interessant, das Alter dieser Setzlinge zu ermitteln, denn so könnten wir das Jahr, in dem die großen Lawinen stattfanden, ziemlich genau bestimmen. Vielleicht ereigneten sich die meisten oder alle von ihnen im selben Winter. Wie froh wäre ich, wenn ich solche Studien durchführen könnte!

Nahe dem Gipfel am Kopf des Passes fand ich eine Zwergweidenart, die vollkommen flach auf dem Boden lag und einen schönen, weichen, seidigen grauen Teppich bildete, wobei kein einziger Stamm oder Zweig höher als drei Zoll war; aber die Kätzchen, die jetzt fast reif sind, stehen aufrecht und bilden einen dichten, fast regelmäßigen grauen Wuchs und sind größer als alle anderen Pflanzen. Einige dieser interessanten Zwerge haben nur ein Kätzchen – Weidenbüsche, die auf ihre niedrigste Stufe reduziert sind. Ich fand Flecken von Zwerg-Vaccinium, die ebenfalls glatte Teppiche bildeten, dicht an den Boden oder an die Seiten von Steinen gedrückt und mit runden rosa Blüten in üppiger Fülle bedeckt waren, als wären sie wie Hagel vom Himmel gefallen. Etwas höher, fast am Kopf des Passes, fand ich das blaue arktische Gänseblümchen und den lila blühenden Bryanthus, die Lieblinge des Berges, sanfte Bergbewohner, Angesicht zu Angesicht mit dem Himmel, durch tausend Wunder sicher und warm gehalten, und immer umso schöner und reiner erscheinend, je wilder und stürmischer ihre Heimat war. Die zähen, harzigen Bäume scheinen keinen Schritt weiter gehen zu können; doch immer höher, weit über die Baumgrenze hinaus, klettern diese zarten Pflanzen und breiten fröhlich ihre grauen und rosa Teppiche bis an die Ränder der Schneebänke in tiefen Mulden und Schatten aus. Auch hier ist das bekannte Rotkehlchen, das über die blühenden Rasenflächen trippelt und tapfer dasselbe fröhliche Lied singt, das ich zum ersten Mal hörte, als ein Junge aus dem alten Schottland in Wisconsin ankam. In dieser feinen Gesellschaft, die verzaubert und ohne Rücksicht auf die Zeit umherschlenderte, betrat ich schließlich das Tor des Passes, und die riesigen Felsen begannen sich in all ihrer geheimnisvollen Pracht um mich zu schließen. In diesem Moment erschrak ich, als eine Menge seltsamer, haariger, vermummter Kreaturen schlurfend, schlurfend und wälzend auf mich zukamen, als hätten sie keine Knochen im Körper. Hätte ich sie entdeckt, als sie noch ein gutes Stück entfernt waren, hätte ich versucht, ihnen aus dem Weg zu gehen. Was für ein Bild sie im Gegensatz zu den anderen abgaben, die ich gerade bewundert hatte. Als ich zu ihnen kam, stellte ich fest, dass es sich nur um eine Gruppe Indianer aus Mono handelte, die auf dem Weg nach Yosemite waren, um eine Ladung Eicheln zu holen. Sie waren in Decken aus den Häuten von Salbeikaninchen gehüllt. Der Schmutz auf einigen Gesichtern schien fast alt und dick genug, um eine geologische Bedeutung zu haben; einige waren seltsam verschwommen und durch Nähte und Falten, die wie Spaltfugen aussahen, in Abschnitte unterteilt und sahen abgenutzt und abgenutzt aus, als hätten sie ewig der Witterung ausgesetzt gelegen. Ich versuchte, an ihnen vorbeizugehen, ohne anzuhalten, aber sie ließen mich nicht; sie bildeten einen düsteren Kreis um mich herum und belagerten mich dicht, während sie um Whisky oder Tabak bettelten, und es war schwer, sie davon zu überzeugen, dass ich keinen hatte. Wie froh war ich, der grauen, grimmigen Menge zu entkommen und sie den Pfad hinunter verschwinden zu sehen! Dennoch scheint es traurig, eine so verzweifelte Abneigung gegenüber seinen Mitmenschen zu empfinden, wie erniedrigt sie auch sein mögen. Die Gesellschaft von Eichhörnchen und Murmeltieren der unserer eigenen Spezies vorzuziehen, muss sicherlich unnatürlich sein. Wenn also eine frische Brise weht und ein Hügel oder Berg zwischen uns liegt, muss ich ihnen viel Glück wünschen und versuchen, mit Burns zu beten und zu singen: „Es kommt noch, denn das, dass Mann zu Mann, auf der ganzen Welt, Brüder sein werden für immer."

Wie der Tag verging, weiß ich nicht mehr. Der Karte zufolge bin ich nur etwa 16 bis 20 Kilometer weit gekommen, obwohl die Sonne schon tief im Westen steht. Das zeigt, wie lange ich zwischen den vergletscherten Felsen,

Moränen und Alpenblumenbeeten verweilt, beobachtet, skizziert und mir Notizen gemacht haben muss.

Bei Sonnenuntergang waren die düsteren Klippen und Gipfel von der unbeschreiblichen Schönheit des Alpenglühens erfüllt, und eine feierliche, ehrfurchtgebietende Stille legte die ganze Landschaft in Schweigen. Dann kroch ich in eine Senke am Ufer eines kleinen Sees nahe der Spitze der Schlucht, glättete eine geschützte Stelle und sammelte ein paar Kiefernquasten als Bett. Als die kurze Dämmerung zu verblassen begann, entzündete ich ein Feuer in der Sonne, machte mir eine Blechtasse Tee und legte mich hin, um die Sterne zu beobachten. Bald begann der Nachtwind von den schneebedeckten Gipfeln über uns zu wehen, zuerst nur ein sanftes Atmen, dann an Stärke gewinnend, und in weniger als einer Stunde rumpelte er mit gewaltiger Lautstärke, etwa wie ein stürmischer Bach in einem von Felsbrocken verstopften Kanal, und brüllte und stöhnte die Schlucht hinunter, als wäre die Arbeit, die er zu verrichten hatte, ungeheuer wichtig und schicksalhaft; und mit diesen Sturmgeräuschen vermischten sich die Geräusche der Wasserfälle auf der Nordseite des Canyons, die jetzt deutlich zu hören waren, jetzt von den stärkeren Luftströmen erstickt wurden und einen herrlichen Psalm wilder Wildheit bildeten. Mein Feuer wand und zappelte, als sei es ihm unbehaglich, denn obwohl es in einer geschützten Ecke stand, fielen oft einzelne Massen eisigen Windes wie Eisberge darauf und verstreuten Funken und Kohlen, so dass ich mich weit zurückhalten musste, um keine Verbrennungen zu erleiden. Aber die großen harzigen Wurzeln und Knoten der Zwergkiefer konnten weder ausgeschlagen noch weggeblasen werden, und die Flammen, die jetzt in langen Lanzen emporschossen, jetzt auf dem felsigen Boden flachgedrückt und verdreht lagen, brüllten, als versuchten sie, die Sturmgeschichten der Bäume zu erzählen, zu denen sie gehörten, so wie das ausgestrahlte Licht die Geschichte des Sonnenscheins erzählte, den sie in Jahrhunderten von Sommern gesammelt hatten.

Die Sterne leuchteten klar in dem Streifen Himmel zwischen den riesigen dunklen Klippen; und als ich da lag und mir die Lektionen des Tages ins Gedächtnis rief, blickte plötzlich der Vollmond über die Canyonwand herab, sein Gesicht offenbar von eifriger Sorge erfüllt, was eine verblüffende Wirkung hatte, als hätte er seinen Platz am Himmel verlassen und wäre herabgekommen, um mich allein anzuschauen, wie jemand, der sein Schlafzimmer betritt. Es war schwer zu begreifen, dass er an seinem Platz am Himmel war und über die halbe Welt blickte, Land und Meer, Berge, Ebenen, Seen, Flüsse, Ozeane, Schiffe, Städte mit ihren Myriaden von schlafenden und wachen, kranken und gesunden Bewohnern. Nein, er schien sich direkt am Rand des Bloody Cañon zu befinden und nur mich anzuschauen. Das kam der Natur tatsächlich sehr nahe. Ich erinnere mich, wie ich den Vollmond über den Eichen in Wisconsin aufgehen sah, der anscheinend so groß wie ein Wagenrad und nicht weiter als eine halbe Meile entfernt war. Abgesehen von diesen Ausnahmen hätte ich sagen können, dass ich den Mond noch nie zuvor gesehen hatte, und in dieser Nacht schien er so voller Leben und so nah, dass die Wirkung wunderbar beeindruckend war und mich die Indianer, die großen schwarzen Felsen über mir und das wilde Tosen der Winde und Wasser, die sich ihren Weg durch die riesige, zerklüftete Schlucht bahnten, vergessen ließ. Natürlich schlief ich nur wenig und begrüßte die Morgendämmerung über der Monowüste freudig. Als ich mir eine Tasse Tee gemacht hatte, strömten die Sonnenstrahlen durch die Schlucht, und ich machte mich auf den Weg, wobei ich begierig auf die gewaltigen Wände aus rotem Schiefer blickte, die wild zerhackt und zernarbt waren und anscheinend bereit waren, in Lawinen abzustürzen, die groß genug waren, um den Pass zu verstopfen und die Kette der kleinen Seen zu füllen. Doch bald kam seine Schönheit zum Vorschein, und ich sprang leichtfüßig von Fels zu Fels und bewunderte die polierten Erhebungen, die im schrägen Sonnenlicht herrlich in der allgemeinen Rauheit der Moränen und Lawinenschuttfelsen glänzten, sogar in Richtung des Canyons in der Nähe der höchsten Eisquellen. Hier sind auch die meisten der bescheidenen Pflanzenmenschen, die wir gestern auf der anderen Seite der Wasserscheide gesehen haben, und öffnen jetzt ihre schönen Augen. Niemand kann es versäumen, sich an der liebevollen Fürsorge der Natur für sie an einem so wilden Ort zu erfreuen. Die kleine Amsel flattert von Fels zu Fels entlang des schnell wirbelnden Canyon Creek, taucht zum Frühstück in eisigen Tümpeln und singt fröhlich, als wäre die riesige, zerklüftete, von Lawinen überschwemmte Schlucht die entzückendste aller ihrer Bergheimaten. Neben einem hohen Wasserfall an der Nordwand des Canyons, der anscheinend direkt vom Himmel kommt, gibt es viele schmale Kaskaden, helle, silbrige Bänder, die im Zickzack die roten Klippen hinabfließen und die diagonalen Spaltfugen der metamorphen Schiefer nachzeichnen, die sich mal zusammenziehen und außer Sichtweite sind, mal in hauchdünnen Schichten von Felsvorsprung zu Felsvorsprung springen, durch die die Sonnenstrahlen dringen. Und am Hauptbach des Canyons, in den all diese Wasserfälle münden, gibt es eine Reihe kleiner Wasserfälle, Kaskaden und Stromschnellen, die sich bis zum Fuß des Canyons erstrecken und nur durch die Seen unterbrochen werden, in denen das aufgewühlte und brodelnde Wasser ruht. Einer der schönsten Wasserfälle breitet sich an der Seite eines Abgrunds aus, sein Wasser ist in bandartige Streifen aufgeteilt und in ein rautenartiges Muster verwoben, indem es den Spaltfugen des Felsens folgt, während Büschel aus Zwergseidengras, Gras, Seggen und Steinbrech wunderschöne Ränder bilden. Wer könnte sich so schöne Schönheit an einem so wilden Ort vorstellen? In allen möglichen Winkeln und Vertiefungen blühen Gärten – am oberen Ende Alpen-Waldreschen,

Erigeronen, Steinbrech, Enzian, Kuhhirse, Buschprimel; in der mittleren Region Rittersporn, Akelei, Orthocarpus, Kastilien, Glockenblumen, Weidenröschen, Veilchen, Minzen, Schafgarbe; am Fuße Sonnenblumen, Lilien, Dornröschen, Schwertlilien, Geißblatt und Waldrebe.

Einer der kleinsten Wasserfälle, den ich Bower Cascade nenne, befindet sich im unteren Bereich des Passes, wo die Vegetation schneebedeckt und üppig ist. Wildrosen und Hartriegel bilden dichte Massen, die den Bach überwölben, und aus dieser Laube springt der Bach, der durch viele hereinströmende Nebenflüsse stark geworden ist, ins Licht und fließt in einer geriffelten Kurve hinab, die dicht mit spritzendem Gischt bedeckt ist. Am Fuße des Canyons befindet sich ein See, der zumindest teilweise durch die Aufstauung des Bachs durch eine Endmoräne entstanden ist. Die drei anderen Seen im Canyon befinden sich in Becken, die aus dem massiven Fels erodiert sind, wo der Druck des Gletschers am größten war, und die widerstandsfähigsten Teile der Beckenränder sind wunderschön und auffallend poliert. Unterhalb des Moraine Lake am Fuße des Canyons befinden sich mehrere alte Seebecken zwischen den großen Seitenmoränen, die sich bis in die Wüste erstrecken. Diese Becken sind heute vollständig mit dem Material gefüllt, das die Flüsse hereingetragen haben, und haben sich in trockene Sandflächen verwandelt, die hauptsächlich von Gras, Beifuß und sonnenliebenden Blumen bedeckt sind. Alle diese tiefer gelegenen Seebecken wurden offensichtlich durch Endmoränendämme gebildet, die dort abgelagert wurden, wo der zurückweichende Gletscher während kurzer Perioden mit weniger Abfluss oder stärkerem Schneefall oder beidem verweilt hatte.

Wenn ich vom warmen, sonnigen Rand der Monoebene auf den Canyon blicke, kommt mir mein morgendlicher Spaziergang wie ein Traum vor, so groß sind die Veränderungen in Vegetation und Klima. Die Lilien am Ufer des Moraine Lake sind höher als mein Kopf, und die Sonne ist heiß genug für Palmen. Doch der Schnee rund um die arktischen Gärten auf der Passhöhe ist deutlich zu sehen, nur etwa vier Meilen entfernt, und dazwischen liegen Musterzonen aller wichtigen Klimazonen der Erde. In kaum mehr als einer Stunde kann man vom Winter in den Sommer hinabsteigen, von einer arktischen in eine heiße Region, und dabei so große Klimawechsel erleben, wie man sie auf einer Reise von Labrador nach Florida erleben würde.

Die Indianer, die ich am oberen Ende des Canyons getroffen hatte, hatten in der Nacht vor ihrem Aufstieg am Fuße des Canyons gezeltet, und ich fand ihr Feuer noch rauchend am Ufer eines kleinen Nebenflusses in der Nähe des Moraine Lake; und am Rande der sogenannten Mono-Wüste, vier oder fünf Meilen vom See entfernt, kam ich zu einem Feld mit Elymus oder wildem Roggen, das in prächtigen, wogenden Büscheln von sechs oder acht

Fuß Höhe wuchs und sechs bis acht Zoll lange Ähren trug. Die Ernte war reif, und Indianerfrauen sammelten das Getreide in Körben, indem sie große Hände nach unten beugten, die Samen ausklopften und sie im Wind fächelten. Die Körner sind etwa fünf Achtel Zoll lang, dunkel gefärbt und süß. Ich stelle mir vor, dass das daraus gebackene Brot so gut sein muss wie Weizenbrot. Dieses Sammeln von wildem Getreide scheint eine feine, eichhörnchenhafte Beschäftigung zu sein, und die Frauen hatten offensichtlich Spaß daran, lachten und schwatzten und wirkten fast natürlich, obwohl die meisten Indianer, die ich gesehen habe, in ihrem Leben kein bisschen natürlicher sind als wir zivilisierten Weißen. Wenn ich sie besser kennen würde, würde ich sie vielleicht lieber mögen. Das Schlimmste an ihnen ist ihre Unsauberkeit. Nichts wirklich Wildes ist unrein. Unten am Ufer des Mono Lake sah ich eine Reihe ihrer dürftigen Hütten an den Ufern der Bäche, die rasch in das Tote Meer münden – bloße Buschzelte, in denen sie gemütlich liegen und essen. Einige der Männer labten sich an Büffelbeeren und lagen unter den hohen Büschen, die jetzt rot von Früchten sind. Die Beeren sind ziemlich fad, aber sie müssen unbedingt gesund sein, denn tage- und wochenlang, so heißt es, essen die Indianer nichts anderes. In der Saison sind sie in ähnlicher Weise hauptsächlich auf die fetten Larven einer Fliege angewiesen, die im Salzwasser des Sees brütet, oder auf die großen fetten gewellten Raupen einer Seidenraupenart, die sich von den Blättern der Gelbkiefer ernährt. Gelegentlich wird eine große Kaninchenjagd organisiert und Hunderte werden am Seeufer mit Knüppeln erschlagen, von Hunden, Jungen, Mädchen, Männern und Frauen und Ringen aus Salbei-Buschfeuer zu einem dichten Pulk gejagt und erschreckt, wonach die Tiere natürlich schnell wieder getötet werden. Aus den Fellen werden Decken gemacht. Im Herbst bringen die unternehmungslustigeren Jäger eine Menge Hirsche mit, und selten ein wildes Schaf von den hohen Gipfeln. Früher gab es in der Wüste am Fuße der Bergketten im Landesinneren viele Antilopen. Salbeihühner, Moorhühner und Eichhörnchen sorgen für Abwechslung in ihrem wilden Speiseplan aus Würmern; außerdem gibt es Pinienkerne von der interessanten kleinen *Pinus monophylla* , und aus Eicheln und wildem Roggen wird gutes Brot und guter Brei gemacht. Seltsamerweise scheinen sie die Larven aus dem See am liebsten zu mögen. Lange Schwaden werden ans Ufer gespült, die sie wie Getreide zum Wintergebrauch einsammeln und trocknen. Es heißt, dass es zwischen den verschiedenen Stämmen und Familien häufig zu Kriegen kommt, weil sie sich gegenseitig ihre Wurmgründe aneignen. Jeder beansprucht einen bestimmten, abgegrenzten Teil der Küste. Die Pinienkerne sind köstlich – jeden Herbst werden große Mengen davon gesammelt. Die Stämme an der Westflanke der Bergkette tauschen Eicheln gegen Würmer und Pinienkerne. Die Squaws tragen riesige Lasten auf ihren Rücken über die rauen Pässe und die Bergkette hinunter und legen dabei Strecken von jeweils etwa sechzig bis siebzig Kilometern zurück.

Die Wüste rund um den See ist überraschend blumenreich. An vielen Stellen zwischen den Salbeibüschen sah ich Mentzelien, Abronia, Astern, Bigelovia und Gilia, die alle die heiße Sonne zu genießen schienen. Besonders die Abronia ist eine zarte, wohlriechende und äußerst bezaubernde Pflanze.

MONO LAKE UND VULKANKEGEL, BLICK NACH SÜDEN

HÖCHSTE MONO-VULKANKEGEL (NAH ANSICHT)

Gegenüber der Mündung des Canyons erstreckt sich eine Reihe vulkanischer Kegel vom See nach Süden und erhebt sich abrupt wie eine Bergkette aus der Wüste. Die größten Kegel sind etwa 2.500 Fuß hoch über dem Seespiegel, haben gut geformte Krater und sind alle offensichtlich verhältnismäßig neu in die Landschaft eingetreten. Aus einer Entfernung von einigen Meilen sehen sie aus wie Haufen loser Asche, die nie von Regen oder Schnee gesegnet wurden, aber trotzdem klettern gelbe Kiefern ihre grauen Hänge hinauf und versuchen, sie zu bekleiden und ihnen Schönheit zu verleihen. Ein Land wunderbarer Kontraste. Heiße Wüsten, begrenzt von schneebedeckten Bergen, – Asche und Schlacke, verstreut auf Gletschern, – Frost und Feuer wirken zusammen, um Schönheit zu erschaffen. Im See liegen mehrere vulkanische Inseln, die zeigen, dass das Wasser einst mit Feuer vermischt war.

Ich bin froh, wieder auf der grünen Seite der Berge zu sein, obwohl ich die graue Ostseite sehr genossen habe und hoffe, mehr davon zu sehen. Wenn wir diese großartigen Bergmanuskripte lesen, die in jedem Wechsel von Hitze und Kälte, Ruhe und Sturm, ausbrechenden Vulkanen und herabschmilzenden Gletschern dargestellt sind, sehen wir, dass alles, was in der Natur Zerstörung genannt wird, Schöpfung sein muss – ein Wechsel von Schönheit zu Schönheit.

Unser Gletscherwiesenlager nördlich der Soda Springs erscheint von Tag zu Tag schöner. Das Gras bedeckt den ganzen Boden, obwohl die Blätter fadenförmig fein sind, und wenn man auf dem Rasen geht, erscheint er wie ein plüschiger Teppich von wunderbarer Fülle und Weichheit, und man spürt die violetten Blütenrispen nicht, die die Füße berühren. Dies ist eine typische Gletscherwiese, die das Becken eines verschwundenen Sees einnimmt und sehr deutlich von Wänden aus pfeilförmigen zweiblättrigen Kiefern begrenzt wird, die in einer schönen, ordentlichen Reihe aufgestellt sind wie Soldaten bei einer Parade. Es gibt hier in der Gegend viele andere Wiesen der gleichen Art, eingebettet in die Wälder. Die großen Hauptwiesen entlang des Flusses sind im Allgemeinen gleich und erstrecken sich mit nur wenigen Unterbrechungen über zehn oder zwölf Meilen, aber keine, die ich gesehen habe, ist so schön gepflegt und perfekt wie diese. Sie ist reicher an blühenden Pflanzen als die Prärien von Wisconsin und Illinois in all ihrer wilden Pracht. Die auffälligen Blüten sind meist drei Arten von Enzianen, ein violetter und gelber Orthocarpus, ein oder zwei Goldruten, ein kleiner blauer Pentstemon, der fast wie ein Enzian aussieht, Potentilla, Ivesia, Pedicularis, weißes Veilchen, Kalmia und Bryanthus. Es gibt keine groben Unkrautpflanzen. Durch diesen blühenden Rasen fließt ein Bach, der lautlos gleitet, wirbelt und rutscht , als würde er darauf achten, nicht das geringste Geräusch zu machen. Er ist an den meisten Stellen nur etwa einen Meter breit und weitet sich hier und da zu Teichen mit einem Durchmesser von sechs oder acht Fuß aus, ohne sichtbare Strömung. Die Ufer sind herrisch abgerundet durch den nach unten gebogenen moosigen Rasen, Grasrispen neigen sich wie Miniaturkiefern über und Bryanthus-Teppiche breiten sich hier und da über versunkene Felsblöcke aus. Am Fuße der Wiese plätschert der Bach, reich an den Säften der Pflanzen, die er erfrischt hat, fröhlich singend über steile Felsvorsprünge auf seinem Weg zum Tuolumne River. Der erhabene, massive Mount Dana und seine grünen, roten und weißen Begleiter ragen eindrucksvoll über die Kiefern am östlichen Horizont; im Norden eine Kette oder ein Ausläufer aus grauen, schroffen Granitfelsen und Bergen; im Westen der seltsam gekrönte und mit Zinnen versehene Mount Hoffman; und im Süden die Cathedral Range mit ihrem imposanten Cathedral Peak, den Cathedral Spires, dem Unicorn Peak und mehreren anderen, grau und spitz oder massiv gerundet.

KAPITEL X

DAS TUOLUMNE CAMP

22. August. Keine Wolken, kühler Westwind, leichter Raureif auf den Wiesen. Carlo wird vermisst; ich habe ihn den ganzen Tag gesucht. In den dichten Wäldern zwischen Lager und Fluss, zwischen hohem Gras und umgestürzten Kiefern, entdeckte ich ein Rehkitz. Zuerst schien es geneigt, zu mir zu kommen; aber als ich versuchte, es zu fangen und bis auf ein oder zwei Ruten herankam, drehte es sich um und lief leise davon, seine Schritte wählend wie eine vorsichtige, verstohlene Jagdkatze. Dann, als ob es plötzlich gerufen oder aufgeschreckt worden wäre, begann es zu bocken und zu rennen wie ein ausgewachsenes Reh, sprang hoch über die umgestürzten Stämme und war bald außer Sicht. Vielleicht hat seine Mutter es gerufen, aber ich habe sie nicht gehört. Ich glaube nicht, dass Rehkitze jemals das heimische Dickicht verlassen oder ihren Müttern folgen, bis sie gerufen oder erschreckt werden. Ich bin beunruhigt wegen Carlo. Es gibt mehrere andere Lager und Hunde nicht viele Meilen von hier entfernt, und ich hoffe immer noch, ihn zu finden. Er hat mich noch nie verlassen. Panther sind hier sehr selten, und ich glaube nicht, dass eine dieser Katzen es wagen würde, ihn anzufassen. Er kennt Bären zu gut, um sich von ihnen fangen zu lassen, und die Indianer wollen ihn nicht.

23. August. Kühler, heller Tag, der den Altweibersommer erahnen lässt. Mr. Delaney ist zur Smith Ranch auf dem Tuolumne unterhalb des Hetch-Hetchy Valley gegangen, fünfunddreißig oder vierzig Meilen von hier, also werde ich eine Woche oder länger allein sein – nicht wirklich allein, denn Carlo ist zurückgekommen. Er war in einem Lager ein paar Meilen nordwestlich. Er sah verlegen und beschämt aus, als ich ihn fragte, wo er gewesen sei und warum er ohne Erlaubnis weggegangen sei. Jetzt versucht er, mich dazu zu bringen, ihn zu streicheln und Zeichen der Vergebung zu zeigen. Ein wunderbar weiser Hund. Mir fällt eine große Last von den Schultern. Ich hätte die Berge nicht ohne ihn verlassen können. Er scheint sehr froh zu sein, wieder bei mir zu sein.

Rosaroter Sonnenuntergang, und bald nachdem die Sterne erschienen, erhob sich der Mond in beeindruckender Majestät über dem Gipfel des Mount Dana. Ich schlenderte im weißen Licht die Wiese hinauf. Die pechschwarzen Schatten der Bäume waren so wunderbar deutlich und deutlich zu erkennen, dass ich beim Überqueren oft zu hoch trat und sie für schwarze, verkohlte Baumstämme hielt.

24. August. Ein weiterer bezaubernder Tag, warm und ruhig kurz nach Sonnenaufgang, nur etwa 0,01 Wolken – schwache, seidige Zirrusfetzen, kaum sichtbar. Leichter Frost, altmodisch sommerlich, die Umrisse der

Berge werden weicher und sehen verträumter aus, ihre rauen Kanten scheinen verschwunden zu sein. Der Abendhimmel ist in ein schönes, dunkles, gedämpftes Purpurrot getaucht, fast wie das Abendpurpurrot der San Joaquin Plains bei beständigem Wetter. Der Mond blickt jetzt über den Gipfel des Dana. Herrlich berauschende Luft. Ich frage mich, ob es auf der ganzen Welt eine andere Bergkette von gleicher Höhe gibt, die mit so schönem Wetter gesegnet ist und so offen, freundlich, gastfreundlich und zugänglich.

25. August. Morgens kühl wie üblich, wechselt es schnell zur üblichen heiteren, großzügigen Wärme und Helligkeit. Gegen Abend war der Westwind kühl und trieb uns zum Lagerfeuer. Von allen blumenbedeckten Berghallen der Natur kann keine schöner sein als diese Gletscherwiese. Bienen und Schmetterlinge scheinen so zahlreich wie immer. Die Vögel sind immer noch hier und zeigen keine Anzeichen, in ihr Winterquartier aufzubrechen, obwohl der Frost sie daran erinnern muss. Ich für meinen Teil würde gerne den ganzen Winter oder mein ganzes Leben oder sogar alle Ewigkeit hier bleiben.

26. August. Heute Morgen Frost; das ganze Wiesengras und einige der Kiefernnadeln funkeln mit schillernden Kristallen – Blumen aus Licht. Große, malerische Wolken, zerklüftet wie Felsen, türmen sich auf dem Mount Dana, rötlich in der Farbe wie der Berg selbst; der Himmel ist ein paar Grad um den Horizont herum blassviolett, in das die Kiefern ihre Spitzen mit schöner Wirkung tauchen. Den Tag verbrachte ich wie üblich damit, mich umzusehen, die wechselnden Lichter zu beobachten, die reifenden Herbstfarben des Grases, der Samen, der spät blühenden Enzianen, Astern, Goldruten; das Wiesengras hier und da zu teilen und in die Unterwelt der Moose und Lebermoose hinabzublicken; den geschäftigen Ameisen und Käfern und anderen kleinen Leuten bei der Arbeit und beim Spielen zuzusehen wie Eichhörnchen und Bären in einem Wald; die Entstehung von Seen und Wiesen, Moränen, Bergskulpturen zu studieren; kleine Anfänge in diese Richtungen zu machen, bezaubert von der heiteren Schönheit von allem.

Der Tag war besonders bewölkt, aber insgesamt hell, denn die Wolken waren heller als gewöhnlich. Die Wolkendicke betrug etwa 0,15, was in der Schweiz als besonders klar gelten würde. Wahrscheinlich fällt mehr freier Sonnenschein auf diese majestätische Bergkette als auf irgendeine andere auf der Welt, die ich je gesehen oder von der ich gehört habe. Sie hat das schönste Wetter, die hellsten, von Gletschern polierten Felsen, die größte Fülle an schillerndem Gischt aus ihren herrlichen Wasserfällen, die hellsten Wälder aus Weißtannen und Silberkiefern, mehr Sternenglanz, Mondschein und vielleicht mehr Kristallglanz als jede andere Bergkette, und ihre zahllosen spiegelglatten Seen, in die mehr Licht einfällt, leuchten und glitzern am meisten. Und wie herrlich ist der Glanz nach den kurzen Sommerschauern und nach frostigen Nächten, wenn die Sonnenstrahlen des Morgens durch die Kristalle auf dem Gras und den Kiefernnadeln dringen, und wie unbeschreiblich spirituell schön ist das Morgenglühen auf den Berggipfeln und das Alpenglühen am Abend. Der Name der Sierra trifft es gut, wenn man bedenkt, dass sie nicht Schneekette, sondern Lichtkette heißt .

27. August. Nur 0,05 Wolken, überwiegend weiße und rosafarbene Cumuli über dem Hoffman-Sporn gegen Abend, frostiger Morgen. In diesen stillen Nächten wachsen Kristalle in wunderbarer Schönheit und Formvollkommenheit, jeder einzelne so sorgfältig gebaut wie der prächtigste heiligste Tempel, als ob er für die Ewigkeit geplant wäre.

Wenn wir das spitzenartige Gewebe der Ströme betrachten, das sich über die Berge erstreckt, werden wir daran erinnert, dass alles fließt – irgendwohin geht, Tiere und sogenannte leblose Steine ebenso wie Wasser. So fließt der Schnee schnell oder langsam in großartigen, Schönheit schaffenden Gletschern und Lawinen; die Luft in majestätischen Fluten, die Mineralien, Pflanzenblätter, Samen, Sporen mit Strömen aus Musik und Duft mit sich tragen; Wasserströme, die Steine sowohl in Lösung als auch in Form von Schlammpartikeln, Sand, Kieselsteinen und Felsbrocken transportieren. Steine fließen aus Vulkanen wie Wasser aus Quellen, und Tiere scharen sich zusammen und fließen in Strömungen, die durch Schritte, Sprünge, Gleiten, Fliegen, Schwimmen usw. verändert werden. Während die Sterne durch den Weltraum strömen und für immer weiter pulsieren wie Blutkügelchen im warmen Herzen der Natur.

28. August. Die Morgendämmerung ein herrliches Farbenlied. Der Himmel ist absolut wolkenlos. Eine schöne Raureifernte. Nach zehn Uhr ist es warm. Den Enzianen macht der erste Frost nichts aus, obwohl ihre Blütenblätter so zart erscheinen; sie schließen sich jede Nacht, als ob sie schlafen gingen, und wachen frisch wie immer im Glanz der Morgensonne auf. Das Gras ist seit letzter Woche einen Hauch bräunlicher, aber soweit ich gesehen habe, gibt es keine abgenagten, verwelkten Pflanzen irgendeiner Art. Schmetterlinge und die große Schar kleinerer Fliegen sind jede Nacht betäubt, aber sie schweben und tanzen vor Mittag in den Sonnenstrahlen über den Wiesen, ohne dass es ihnen an verspieltem, freudigem Leben mangelt. Bald müssen sie alle wie Blütenblätter in einem Obstgarten abfallen, trocken und runzelig, und kein Flügel der mächtigen Schar ist mehr übrig, um die Luft zu erzittern. Trotzdem werden im Frühling Myriaden neuer Pflanzen auftauchen, jubelnd, jauchzend, als würden sie den kalten Tod verlachen.

29. August. Wolken um 0,05, leichter Frost. Mildes, heiteres Altweibersommerwetter. Habe den ganzen Tag auf die Berge geblickt und die wechselnden Lichter beobachtet. Immer deutlicher sind sie mit Licht wie ein Gewand bekleidet, weiß mit blassem Purpur, am blassesten während der Mittagsstunden, am leuchtendsten am Morgen und Abend. Alles scheint bewusst friedlich, nachdenklich, treu auf Gottes Willen wartend.

30. August. Dieser Tag ist genauso wie gestern. Ein paar Wolken, die reglos sind und anscheinend nichts zu tun haben, außer schön auszusehen. Frost genug, um Kristalle zu bilden – herrliche Felder aus Eisdiamanten, die nur eine Nacht überdauern. Wie verschwenderisch baut die Natur, reißt nieder, erschafft, zerstört, jagt jedes materielle Teilchen von Form zu Form, immer im Wandel, immer schön.

Mr. Delaney ist heute Morgen angekommen. Ich habe keine Spur von Einsamkeit gespürt, während er weg war. Im Gegenteil, ich habe noch nie schönere Gesellschaft genossen. Die ganze Wildnis scheint lebendig und vertraut, voller Menschlichkeit. Selbst die Steine selbst wirken gesprächig, mitfühlend, brüderlich . Kein Wunder, wenn wir bedenken, dass wir alle denselben Vater und dieselbe Mutter haben.

31. August. Wolken 0,05. Seidige Zirrusfäden und Fransen, so fein, dass sie fast unbemerkt bleiben. Frost genug für eine weitere Kristallernte auf den Wiesen, aber keine in den Wäldern. Die Enziane, Goldruten, Astern usw. scheinen es nicht zu spüren; weder Blütenblätter noch Blätter werden berührt, obwohl sie so zart erscheinen. Jeder Tag öffnet und schließt sich wie eine Blume, geräuschlos, mühelos. Göttlicher Frieden leuchtet über der ganzen majestätischen Landschaft wie die stille, enthusiastische Freude, die manchmal ein edles menschliches Gesicht verklärt.

1. September. Wolken 0,05 – regungslos, ohne besondere Farbe – Ornamente ohne jede Spur von Regen oder Schnee. Der Tag ist ganz ruhig – ein weiteres großes Pochen des Herzens der Natur, späte Blumen und Samen für den nächsten Sommer reifen, voller Leben und Gedanken und Pläne für das kommende Leben und voller reifem und bereitem Tod, schön wie das Leben, der von göttlicher Weisheit und Güte und Unsterblichkeit erzählt. War auf dem Mount Dana und beeile mich, so viel wie möglich zu sehen, jetzt, da die Zeit der Abreise naht. Die Aussicht vom Gipfel reicht weit und breit, nach Osten über den Mono Lake und die Wüste; Berge über Berge sehen seltsam karg und grau und kahl aus wie Aschehaufen, die vom Himmel gefallen sind. Der See, acht oder zehn Meilen im Durchmesser, glänzt wie eine polierte Silberscheibe, keine Bäume an seinen grauen, aschebedeckten, schlackenartigen Ufern. Blickt man nach Westen, sieht man die herrlichen Wälder, die sich über zahllose Bergrücken und Hügel erstrecken, Kuppeln und untergeordnete Berge umschließen, in langen, geschwungenen Linien die trennenden Bergrücken säumen und jede Senke ausfüllen, in der die Gletscher Erdbetten ausgebreitet haben, egal ob felsig oder glatt. Blickt man nach Norden und Süden entlang der Achse der Bergkette, sieht man die herrliche Ansammlung von hohen Bergen, Klippen und Gipfeln und Schnee, die Quellen von Flüssen, die nach Westen durch das berühmte Golden Gate zum Meer fließen und nach Osten zu heißen Salzseen und Wüsten, um zu verdunsten und schnell wieder in den Himmel zu strömen. Unzählige Seen leuchten wie Augen unter schweren Felskuppen, kahl oder von Bäumen gesäumt oder eingebettet in schwarze Wälder. Wiesenlichtungen in den Wäldern scheinen ebenso zahlreich wie die Seen oder vielleicht sogar noch zahlreicher. Weit oben auf den moränenbedeckten Hängen und zwischen zerbröckelnden Felsen fand ich viele zarte, winterharte Pflanzen, von denen einige noch blühen. Die besten Erkenntnisse dieser Reise waren die Erkenntnisse über die Einheit und Wechselwirkung aller Merkmale der Landschaft, die sich in den Gesamtansichten zeigten. Die Seen und Wiesen liegen genau dort, wo die alten Gletscher am Fuß der steilsten Teile ihrer Kanäle am stärksten geschwungen waren, und natürlich verlaufen ihre längsten Durchmesser ungefähr parallel zueinander und zu den Waldgürteln, die in langen, geschwungenen Linien auf den seitlichen und mittleren Moränen und in weiten, sich ausbreitenden Feldern auf den Endbetten wachsen, die gegen Ende der Eiszeit abgelagert wurden, als die Gletscher zurückgingen. Die Kuppeln, Grate und Sporen zeigen auch den Einfluss der Gletscherwirkung in ihren Formen, die ungefähr die Formen mit der größten Stärke im Hinblick auf die Belastung durch über-, vorbei- und abwärts drängende Eisströme zu sein scheinen; Überbleibsel der widerstandsfähigsten oder am günstigsten gelegenen Massen. Wie interessant ist das alles! Jeder Stein, Berg, Bach, jede Pflanze, jeder See, Rasen, Wald, Garten, Vogel, Tier, Insekt scheint uns zu rufen und einzuladen, zu kommen und etwas über seine Geschichte und Beziehung zu lernen. Aber soll der arme, unwissende Gelehrte die Lektionen ausprobieren dürfen, die sie anbieten? Es scheint zu großartig und zu schön, um wahr zu sein. Bald werde ich ins Tiefland gehen. Das Brotlager muss bald aufgelöst werden. Wenn ich ein paar Säcke Mehl, eine Axt und ein paar Streichhölzer hätte, würde ich eine Hütte aus Kiefernholz bauen, viel Brennholz darum stapeln und den ganzen Winter bleiben, um die großen, fruchtbaren Schneestürme zu sehen, die Vögel und Tiere zu beobachten, die so hoch überwintern, wie sie leben, wie die Wälder schneebedeckt oder verschüttet aussehen und wie die Lawinen auf ihrem Weg die Berge hinunter aussehen und klingen. Aber jetzt muss ich gehen, denn es gibt nichts, was an Proviant übrig bleibt. Ich werde sicher wiederkommen, aber sicher werde ich wiederkommen. Kein anderer Ort hat mich jemals so überwältigend angezogen wie diese gastfreundliche, göttliche Wildnis.

EINER DER HÖCHSTEN MOUNT RITTER-BRUNNEN

2. September. Ein großartiger, roter, rosiger, purpurner Tag – ein Tag in seiner reinsten Pracht. Was das bedeutet, weiß ich nicht. Es ist der erste deutliche Wechsel von ruhigem Sonnenschein mit purpurnen Morgen und Abenden und stillen, weißen Mittagen. Es gibt jedoch nichts, was einem Sturm gleicht. Die durchschnittliche Bewölkung beträgt nur etwa 0,08 Grad, und in den Wäldern ist kein Seufzen zu hören, das auf einen großen Wetterwechsel hindeutet. Der Himmel war morgens und abends rot, die Farbe war nicht diffus wie das gewöhnliche purpurne Leuchten, sondern von einzelnen, klar abgegrenzten Wolken getragen, die bewegungslos blieben, als ob sie um den zerklüfteten, von Bergen umgebenen Horizont verankert wären. Eine tiefrote Kappe mit steilen Seiten lag lange Zeit auf Mount Dana und Mount Gibbs und hing so tief herab, dass sie die meisten ihrer Basen verdeckte, ließ jedoch Danas runden Gipfel frei, der getrennt und allein über der großen purpurnen Wolke zu schweben schien. Mammoth Mountain, südlich von Gibbs und Bloody Cañon, gestreift und gesprenkelt mit Schneebänken und Zwergkieferngruppen, war ebenfalls mit einer herrlichen purpurroten Kappe gesegnet, bei deren Herstellung keine Spur von Sparsamkeit zu erkennen war – ein riesiger, buckliger Haufen, in purpurroter Farbe gefärbt, der wichtig genug schien, um in majestätischer Unabhängigkeit zum Verbrennen zwischen den Sternen geschickt zu werden. Man wird ständig an die unendliche Großzügigkeit und Fruchtbarkeit der Natur erinnert – unerschöpflicher Überfluss inmitten scheinbar enormer Verschwendung. Und doch, wenn wir uns irgendeine ihrer Vorgänge ansehen, die in

Reichweite unseres Geistes liegen, erfahren wir, dass kein Teilchen ihres Materials verschwendet oder abgenutzt wird. Es fließt ewig von Verwendung zu Verwendung, von Schönheit zu noch höherer Schönheit; und wir hören bald auf, Verschwendung und Tod zu beklagen, und freuen uns vielmehr und frohlocken über den unvergänglichen, unverbrauchbaren Reichtum des Universums und beobachten und warten treu auf das Wiedererscheinen von allem, was um uns herum schmilzt, verblasst und stirbt, in der Gewissheit, dass sein nächstes Erscheinen besser und schöner sein wird als das letzte.

Ich beobachtete das Wachstum dieser roten Lande des Himmels so gespannt, als ob neue Gebirgsketten gebaut würden. Bald war die Gruppe der schneebedeckten Gipfel, in deren Tiefen die höchsten Quellen des Tuolumne, Merced und North Fork des San Joaquin liegen, mit majestätischen farbigen Wolken geschmückt, wie sie bereits beschrieben wurden, aber komplizierter, um den großen Quellen der Flüsse zu entsprechen, die sie überschatteten. Die Sierra Cathedral, südlich des Lagers, war wie der Sinai überschattet. Nie zuvor habe ich eine so schöne Verbindung von Fels und Wolke in Form, Farbe und Substanz gesehen, die Erde und Himmel zu einer Einheit zusammenführt; und so menschlich ist es, jedes Merkmal und jeder Farbton geht einem zu Herzen, und wir jubeln und jubeln in wilder Begeisterung, als ob das ganze göttliche Schauspiel unser eigenes wäre. An einem Ort wie diesem fühlen wir uns immer mehr als Teil der wilden Natur, mit allem verwandt. Habe den größten Teil des Tages hoch oben am Nordrand des Tals verbracht und hatte einen herrlichen Blick auf die Wolken in all ihrer roten Pracht, die ihr wundervolles Licht über das ganze Becken verbreiteten, während die Felsen und Bäume und kleinen Alpenpflanzen zu meinen Füßen still und nachdenklich wirkten, als wären auch sie bewusste Zuschauer der herrlichen neuen Wolkenwelt.

Hier und da, als ich immer weiter und höher stapfte, kam ich zu kleinen Gartenbeeten und Farnhäusern, wo man natürlich annehmen würde, dass dort kein Pflanzengeschöpf leben könnte. Aber wie in der Region um den Mono Pass und die Spitze des Dana waren es die wildesten, höchsten Orte, wo die schönsten, zartesten und enthusiastischsten Pflanzenmenschen zu finden waren. Immer wieder, während ich bei diesen bezaubernden Pflanzen verweilte, fragte ich: „Wie seid ihr hierhergekommen? Wie überlebt ihr den Winter?" Unsere Wurzeln, erklärten sie, reichen tief in die Fugen der im Sommer erwärmten Felsen, und unter unserer feinen Schneedecke kann uns der tödliche Frost nicht erreichen, während wir die dunkle Hälfte des Jahres verschlafen und vom Frühling träumen.

Seit ich diese Berge betreten durfte, suchte ich nach Cassiope, der angeblich schönsten und beliebtesten Heidekrautart, aber seltsamerweise habe ich sie noch nicht gefunden. Auf meinen Wanderungen in den hohen Bergen murmele ich ständig „Cassiope, Cassiope". Dieser Name, wie Calvinisten sagen, drängt sich mir auf, trotz der herrlichen Pflanzenvielfalt, die mich unaufgefordert umgibt, sobald ich mich zeige. Cassiope scheint der höchste Name aller kleinen Bergheide-Menschen zu sein, und als wäre sie sich ihres Wertes bewusst, geht sie mir aus dem Weg. Ich muss sie bald finden, wenn überhaupt dieses Jahr.

4. September. Die ganze weite Himmelskuppel ist klar, nur erfüllt vom milden Licht des Altweibersommers. Die Kiefern-, Schierlings- und Tannenzapfen sind fast reif und fallen von morgens bis abends schnell ab, abgeschnitten und gesammelt von den fleißigen Eichhörnchen. Fast alle Pflanzen haben ihre Samen ausgereift, ihre Sommerarbeit ist getan; und die Sommerernte an Vögeln und Rehen wird ihren Eltern bald zu den Vorgebirgen und Ebenen folgen können, wenn der Winter naht und der Schnee zu fliegen beginnt.

5. September. Keine Wolken. Das Wetter ist kühl, ruhig und hell, als ob noch nichts Großes zu tun wäre. Habe die North Tuolumne Church skizziert. Der Sonnenuntergang war herrlich gefärbt.

6. September. Wieder ein vollkommen wolkenloser Tag, purpurfarbener Abend und Morgen, die ganzen mittleren Stunden eine Masse reinen, heiteren Sonnenscheins. Bald nach Sonnenaufgang wurde die Luft warm und es war windstill. Man blieb natürlich stehen, um zu sehen, was die Natur vorhatte. Das stille, brütende, leicht dunstige Wetter lässt einen echten Altweibersommer erahnen. Die gelbe Atmosphäre ist zwar dünn, weist aber dennoch deutlich denselben allgemeinen Charakter auf wie die des östlichen Altweibersommers. Die eigentümliche Milde wird vielleicht teilweise durch Myriaden reifer Sporen verursacht, die am Himmel treiben.

Mr. Delaney hält jetzt eine ernste Rede über die Notwendigkeit, diese hohen Berge zu verlassen, und erzählt traurige Geschichten von Herden, die in Stürmen umkamen, die plötzlich mitten in dem schönen, unschuldigen Wetter ausbrachen, wie wir es jetzt genießen. „Auf keinen Fall", sagte er, „werde ich es wagen, so hoch und weit hinten in den Bergen zu bleiben, wie wir uns jetzt befinden, länger als bis Mitte dieses Monats, egal wie warm und sonnig es sein mag." Er würde die Herde zunächst langsam bewegen, ein paar Meilen pro Tag, bis das Yosemite Creek-Becken erreicht und überquert wäre, und dann, während er in den dichten Kiefernwäldern verweilte, könnte er, falls das Wetter bedrohlich war, zu den Vorgebirgen hinuntereilen, wo der Schnee nie tief genug fällt, um ein Schaf zu ersticken. Natürlich bin ich bestrebt, in den wenigen Tagen, die mir noch bleiben, so viel von der Wildnis wie möglich zu sehen, und ich sage noch einmal: Möge die gute Zeit kommen, wenn ich so lange bleiben kann, wie ich möchte, mit reichlich Brot, weit weg und frei von trampelnden Herden, obwohl ich für diesen großzügigen, nahrungsreichen, inspirierenden Sommer durchaus dankbar sein kann. Jedenfalls wissen wir nie, wohin wir gehen müssen oder welche

Führer uns erwarten – Menschen, Stürme, Schutzengel oder Schafe.
Vielleicht wird fast jeder auch nur im Geringsten natürliche Mensch mehr
bewacht, als ihm bewusst ist. Die ganze Wildnis scheint voller Tricks und
Pläne zu sein, um uns in Gottes Licht zu treiben und zu ziehen.

Ich war eifrig damit beschäftigt, mindestens einen weiteren schönen , wilden
Ausflug zu den hohen Gipfeln zu planen und Brot zu backen, und sicherlich
hat niemand, egal wie hoffnungsvoll er auf Reichtum oder Ruhm abzielte,
jemals eine so herrlich glückliche und aufregende Aussicht empfunden.

7. September. Ich verließ das Lager bei Tagesanbruch und machte mich direkt
auf den Weg zum Cathedral Peak, mit der Absicht, von diesem Punkt aus
zwischen den Gipfeln und Gebirgskämmen an den Quellen der Flüsse
Tuolumne, Merced und San Joaquin nach Osten und Süden vorzudringen.
Ich bahnte mir meinen Weg durch die Kiefernwälder, überquerte den
Tuolumne River und die Wiesen und den waldreichen Hang hinauf, der die
Südgrenze des oberen Tuolumne-Beckens bildet, entlang der Ostseite des
Cathedral Peak und hinauf zu seinem höchsten Turm, den ich gegen Mittag
erreichte, nachdem ich unterwegs herumgetrödelt hatte, um die schönen
Bäume zu studieren – zweiblättrige Kiefern, Bergkiefern, Weißkiefern und
die bezauberndste, anmutigste aller immergrünen Pflanzen, die Berg-
Hemlocktanne. Hohe, kühle, spät blühende Wiesen hielten mich ebenfalls
auf, und oberhalb der Wälder kleine Seen und Lawinenspuren und riesige
Steinbrüche aus Moränengestein.

**GLETSCHERWIESE ÜBERSÄTTIGT MIT MORÄNENFELSEN,
10.000 FUSS ÜBER DEM MEER (IN DER NÄHE DES MOUNT
DANA)**

VORDERSEITE DES KATHEDRALEN-GIPFELS

Von den Big Meadows bis zum Fuß der Cathedral ist der Boden mit Moränenmaterial bedeckt, der linken Seitenmoräne des großen Gletschers, der dieses obere Tuolumne-Becken vollständig ausgefüllt haben muss. Weiter oben gibt es mehrere kleine Endmoränen von Restgletschern, die im rechten Winkel gegen die große einfache Seitenmoräne des Hauptgletschers des Tuolumne-Gletschers vorgeschoben sind. Ein schöner Ort, um Bergskulptur und Bodenbildung zu studieren. Die Aussicht von den Cathedral Spires ist in jede Richtung sehr schön und vielsagend. Unzählige Gipfel, Grate, Kuppeln, Wiesen, Seen und Wälder; die Wälder erstrecken sich in langen, geschwungenen Linien und weiten Feldern, wo immer die Gletscher Boden für ihr Wachstum hinterlassen haben, während die Seiten der höchsten Berge ein verstreutes Zwergwachstum aufweisen, das sich an Spalten in den Felsen klammert und anscheinend unabhängig vom Boden ist. Das dunkle, heideartige Wachstum auf dem Dach der Cathedral stellte ich fest, dass es sich um eine schneebedeckte Zwergkiefer handelte, etwa drei oder vier Fuß hoch, aber sehr alt aussehend. Viele von ihnen tragen Zapfen, und die laute Clarke-Krähe frisst die Samen, wobei sie ihren langen Schnabel wie ein Specht benutzt, um sie aus den Zapfen zu graben. Rund um den Fuß des Gipfels und sogar auf dem Dach zwischen den kleinen Kiefern blühen noch viele Blumen, insbesondere ein holziges, gelb blühendes Wollgras und eine schöne Aster. Der Körper der Kathedrale ist nahezu quadratisch, und die Dachschrägen sind wunderbar regelmäßig und symmetrisch, wobei der First nach Nordosten und Südwesten verläuft. Diese Richtung wurde anscheinend durch Strukturfugen im Granit bestimmt. Der Giebel am nordöstlichen Ende ist großartig in Größe und Einfachheit, und an seiner Basis befindet sich eine große Schneebank, die durch den Schatten des Gebäudes geschützt ist. Die Vorderseite ist mit vielen Fialen und einem hohen Turm von eigenartiger Verarbeitung geschmückt. Auch hier scheinen die Fugen im Fels eine wichtige Rolle bei der Bestimmung ihrer Form, Größe und allgemeinen Anordnung gespielt zu haben. Die Kathedrale soll etwa 3.500 Meter über dem Meeresspiegel liegen, aber die Höhe des Gebäudes selbst über dem Bergrücken, auf dem es steht, beträgt etwa 1.500 Meter. Etwa eine Meile westlich davon liegt ein schöner See, und der von Gletschern polierte Granit darum herum glänzt so hell, dass es an manchen Stellen nicht leicht ist, die Grenze zwischen Fels und Wasser zu erkennen, die beide gleichermaßen glänzen. Von den Türmen aus habe ich eine schöne Aussicht auf diesen See mit seinem silbrigen Becken und die Wiesen und Wälder; auch auf den Tenaya-See, Cloud's Rest und den Süddom von Yosemite, Mount Starr King, Mount Hoffman, die Merced-Gipfel und die große Anzahl schneebedeckter Springbrunnen-Gipfel, die sich weit nach Norden und Süden entlang der Achse der Bergkette erstrecken. Kein Merkmal der ganzen edlen Landschaft, wie man es von hier aus sieht, scheint jedoch wunderbarer als die Kathedrale selbst, ein Tempel, der die beste Steinmetzarbeit und Predigten der Natur in Steinen zur Schau stellt. Wie oft habe ich es auf meinen vielen kurzen Ausflügen von den Gipfeln der Hügel und Bergrücken und durch Lichtungen in den Wäldern betrachtet, andächtig verwundert, bewundernd, sehnsüchtig! Dies, so darf ich sagen, ist das erste Mal, dass ich in Kalifornien in einer Kirche war, die mich endlich hierher geführt hat, jede Tür wurde gnädig für den armen, einsamen Gläubigen geöffnet. In unseren besten Zeiten wird alles zur Religion, die ganze Welt scheint eine Kirche und die Berge wie Altäre. Und siehe, hier endlich, vor der Kathedrale, steht die gesegnete Kassiope, die ihre Tausenden süß klingenden Glocken läutet, die süßeste Kirchenmusik, die ich je genossen habe. Ich hörte zu, bewunderte, bis ich mich bis spät in den Nachmittag zwang, eilig nach Osten zu gehen, hinter rauen, scharfen, spitzen, splitterigen Gipfeln, die alle aus Granit wie die Kathedrale bestanden und von Kristallen funkelten – Feldspat, Quarz, Hornblende, Glimmer, Turmalin. Ich hatte einen ziemlich schwierigen Weg und ein Kriechen über eine riesige Schnee- und Eisklippe vor mir, die allmählich steiler wurde, je weiter ich kam, bis sie fast unpassierbar war. Bin an einer gefährlichen Stelle ausgerutscht, konnte aber anhalten, indem ich meine Fersen in die tauende Oberfläche direkt am Rande eines gähnenden Eislochs grub. Ich habe neben einem kleinen Teich und einer Gruppe von zerknitterten Zwergkiefern gezeltet; und während ich am Feuer sitze und versuche, Notizen zu machen, scheint der flache Teich mit dem unendlichen Sternenhimmel darin unergründlich, während die Felsen und Bäume, winzigen Sträucher und Gänseblümchen und Seggen, die im Feuerschein hervortreten, voller Gedanken zu sein scheinen, als ob sie laut sprechen und all ihre wilden Geschichten erzählen würden. Ein wunderbar eindrucksvolles Treffen, bei dem jeder etwas Wertvolles zu erzählen hat. Und jenseits der Feuerstrahlen in der feierlichen Dunkelheit, wie eindrucksvoll ist die Musik eines Chors von Bächen, die sich ihren Weg vom Schnee zum Fluss hinunter singend bahnen! Und wenn wir uns ins Gedächtnis rufen, dass sich Tausende dieser fröhlichen Bäche in jedem der Hauptströme versammeln, wundern wir uns umso weniger, dass unsere Flüsse in der Sierra bis zum Meer singend sind.

Gegen Sonnenuntergang sah ich einen Schwarm graubrauner Spatzen, die sich in Felsspalten über dem großen Schneefeld niederließen. Bezaubernde kleine Bergbewohner! Fand eine blühende Seggenart acht bis zehn Fuß von einer Schneewehe entfernt. Dem Aussehen des Bodens nach zu urteilen, kann er kaum länger als eine Woche in der Sonne gelegen haben, und wahrscheinlich wird er in etwa einem Monat wieder unter frischem Schnee begraben sein, was den Winter auf etwa zehn Monate verlängert, während Frühling, Sommer und Herbst sich auf zwei Monate zusammendrängen. Wie herrlich es ist, hier allein zu sein! Wie wild alles ist – wild wie der Himmel und so rein! Nie werde ich diesen großen, göttlichen Tag vergessen – die Kathedrale und ihre Tausenden von Kassiope-Glocken und die Landschaften um sie herum und dieses Lager in den grauen Felsen über den Wäldern mit seinen Sternen und Strömen und dem Schnee.

BLICK AUF DAS OBERGEBIET VON TUOLUMNE

8. September. Ein Tag des Kletterns, Kraxelns und Rutschens auf den Gipfeln rund um die höchste Quelle des Tuolumne und Merced. Ich bin auf drei der imposantesten Berge geklettert, deren Namen ich nicht kenne; ich habe mehr Bäche und riesige Eis- und Schneebetten überquert, als ich zählen konnte. Ebenso wenig konnte ich die Anzahl der Seen zählen, die auf den Hochplateaus und in den Karen der Gipfel und in Ketten in den Canyons verstreut sind, die durch die Bäche miteinander verbunden sind – eine unglaublich wilde, graue Wildnis aus zerklüfteten, zerklüfteten Felsen, Bergrücken und Gipfeln, über die ein paar Wolken zogen und durch sie hindurch, als ob sie Arbeit suchten. Im Großen und Ganzen wirkt die riesige, runde Landschaft rau und leblos wie ein Steinbruch, doch überall sprossen die bezauberndsten Blumen in zahllosen Winkeln und gartenähnlichen

Flecken. Ich muss hier drei oder vier Tage Kletterarbeit geleistet haben. Meine Glieder waren bis kurz vor Sonnenuntergang vollkommen unermüdlich, als ich in das obere Tuolumne-Haupttal am Fuße des Mount Lyell hinabstieg, das Lager war noch acht oder zehn Meilen entfernt. Als ich im Dunkeln durch die Kiefernwälder am Soda Springs Dome vorbeiging, wo es viel umgestürztes Holz gab, und als die ganze Aufregung, Dinge zu sehen, nachließ, war ich müde. Kam um neun Uhr im Hauptlager an und schlief bald tief und fest.

KAPITEL XI

ZURÜCK IN DIE TIEFLANDER

9. September. Die Müdigkeit ist verflogen und ich bin bereit für einen weiteren Ausflug von einem oder zwei Monaten in dieselbe wunderbare Wildnis. Jetzt muss ich mich jedoch in Richtung Tiefland begeben und beten und hoffen, dass der Himmel mich wieder zurückdrängt.

Das Aufschlussreichste, was wir bei diesen Bergtouren gelernt haben, ist der Einfluss von Spaltfugen auf die aus der Gesamtmasse des Gebirges herausgearbeiteten Gesichtszüge. Offensichtlich war die Abtragung enorm, während das unvermeidliche Ergebnis eine subtile, ausgewogene Schönheit ist. In Gesamtansichten betrachtet, scheinen die Merkmale der wildesten Landschaft so harmonisch miteinander verbunden zu sein wie die Merkmale eines menschlichen Gesichts. Tatsächlich sehen sie menschlich aus und strahlen spirituelle Schönheit und göttliche Gedanken aus, wie sehr sie auch von Fels und Schnee bedeckt und verborgen sein mögen.

Obwohl Mr. Delaney meine Pläne den ganzen Sommer über unterstützt und gefördert hat, hatte er kaum Zeit, mich zu fragen, wie mir meine Reise gefallen hat. Er erklärt, ich werde eines Tages berühmt sein – eine freundliche Vermutung, die einem wandernden Wildnisliebhaber, der nicht an Ruhm denkt oder davon träumt, während er demütig versucht, die Lektionen der Natur aufzuspüren, zu lernen und sich daran zu erfreuen, seltsam und unglaublich erscheint.

Die Sachen für das Lager sind nun auf die Pferde gepackt und die Herde macht sich auf den Weg zur Heimatranch. Wir machen uns auf den Weg, hinunter durch die Kiefern, und verlassen den schönen Rasen, auf dem wir so lange gezeltet haben. Ich frage mich, ob ich ihn jemals wiedersehen werde. Der Rasen ist so zäh und dicht, dass er von den Schafen kaum verletzt wird. Glücklicherweise mögen sie das seidige Gletscherwiesengras nicht. Der Tag ist vollkommen klar, keine Wolke oder der leiseste Hauch einer Wolke ist zu sehen und es weht kein Wind. Ich frage mich, ob man auf der ganzen Welt in einer Höhe von 2.700 Metern irgendwo sonst so beständiges, treu ruhiges, helles und gastfreundliches Wetter finden kann. Wir reisen aus Angst vor zerstörerischen Stürmen ab, obwohl es schwer ist, sich so große Wetterwechsel vorzustellen.

Obwohl der Wasserstand des Flusses jetzt niedrig ist, gab es die üblichen Schwierigkeiten, die Herde hinüberzubringen. Jedes Schaf schien unbesiegbar entschlossen zu sein, lieber einen trockenen Tod zu sterben, als sich die Füße nass zu machen. Carlo hat das Schafemachen so perfekt gelernt wie der beste Schafhirte, und es ist interessant, seine intelligenten Bemühungen zu beobachten, die dummen Tiere ins Wasser zu drängen oder zu erschrecken. Sie mussten ziemlich zusammengedrängt und über das Ufer gestoßen werden; und als schließlich eines den Fluss überquerte, weil es sich nicht zurückdrängen konnte, stürzte sich die ganze Herde plötzlich kopfüber hinein, als wäre der Fluss der einzig begehrenswerte Ort auf der Welt. Abgesehen vom bloßen Geldgewinn würde man lieber Wölfe als Schafe hüten. Sobald sie das gegenüberliegende Ufer hinaufkletterten, begannen sie zu blöken und zu fressen, als wäre nichts Ungewöhnliches geschehen. Wir überquerten die Wiesen und fuhren langsam den südlichen Rand des Tals hinauf, durch dieselben Wälder, die ich auf meinem Weg zum Cathedral Peak passiert hatte, und schlugen unser Nachtlager am Rand eines kleinen Teichs auf der Spitze der großen Seitenmoräne auf.

10. September. Am Morgen bei Tagesanbruch war kein einziges der zweitausend Schafe zu sehen. Als wir die Spuren untersuchten, entdeckten wir, dass sie zerstreut worden waren, vielleicht von einem Bären. Nach ein paar Stunden waren alle gefunden und wieder zu einer Herde zusammengeführt worden. Wir hatten einen schönen Blick auf ein Reh. Wie anmutig und perfekt es in jeder Hinsicht wirkte im Vergleich zu den albernen, staubigen, zerzausten Schafen! Von den Anhöhen hier in der Gegend hatte man einen weiteren großartigen Blick nach Norden – ein wogendes, anschwellendes Meer aus Kuppeln und runden Bergrücken, gesäumt von Kiefern und begrenzt von unzähligen spitzen Gipfeln, grau und öde aussehend, aber so voller schöner Leben. Ein weiterer ruhiger, wolkenloser Tag, purpurn am Morgen und Abend. Das Abendrot war in den letzten zwei oder drei Wochen sehr ausgeprägt. Vielleicht das „Zodiakallicht".

11. September. Wolkenlos. Leichter Frost. Windstille. Es ging langsam bergab und wir haben jetzt unser Lager auf den Wiesen am Westende des Tenaya-Sees aufgeschlagen – ein bezaubernder Ort. Der See ist glatt wie Glas und spiegelt seine kilometerlangen, von Gletschern polierten Gehwege und kühnen Bergwände. Hier blühen noch Astern. Hier ist etwa die Obergrenze der Zwergform der Goldcup-Eiche – 2.400 Meter über dem Meeresspiegel – und sie ist etwa 600 Meter höher als die kalifornische Schwarzeiche (*Quercus Californica*). Ein schöner Abend, die Spiegelungen im See nach Einbruch der Dunkelheit sind wunderbar eindrucksvoll.

12. September. Wolkenloser Tag, alles reines Sonnengold. Wieder einmal zwischen den prächtigen Weißtannen, knapp zwei Meilen vom Rand des Yosemite-Nationalparks entfernt, im berühmten portugiesischen Bärenlager. Chaparral aus Goldbechereichen, Manzanita und Ceanothus gibt es hier in Hülle und Fülle, in den Tuolumne-Wiesen fehlt es, obwohl die Höhe dort nur wenig höher liegt. Die zweiblättrige Kiefer, obwohl in der

Tuolumne-Wiesenregion weitaus zahlreicher, erreicht hier an den Flussufern und um ziemlich sumpfige Wiesen ihre größte Größe. Der beste trockene Boden wird von der prächtigen Weißtanne eingenommen, die hier ihre größte Größe erreicht und einen gut abgegrenzten Gürtel bildet. Ein herrlicher Baum. Habe heute Nacht ein schönes Bett aus seinen Zweigen.

13. September. Heute Abend zelten wir am Yosemite Creek, nahe am Fluss, auf einer kleinen Sandfläche in der Nähe unseres alten Lagerplatzes. Die Vegetation ist bereits braun und gelb und trocken; der Bach ist auch fast ausgetrocknet. Die schlanke Form der zweiblättrigen Kiefer an seinen Ufern ist, glaube ich, die schönste, die ich je gesehen habe. Sie könnte auf den ersten Blick leicht für eine bestimmte Art gehalten werden, obwohl sie sicher nur eine Varietät (*Murrayana*) ist, da sie auf gutem Boden dicht und schnell wächst. Die Gelbkiefer ist ebenso variabel, oder vielleicht noch variabeler. Die Form hier und 300 Meter höher, auf zerbröckelndem Gestein, ist breit verzweigt, mit eng gefurchter, rötlicher Rinde, großen Zapfen und langen Blättern. Sie ist eine der widerstandsfähigsten Kiefernarten und hat eine wunderbare Vitalität. Die Quasten aus langen, kräftigen Nadeln, die silbrig in der Sonne glänzen, wenn der Wind sie alle in die gleiche Richtung bläst, sind eines der prächtigsten Schauspiele, die diese herrlichen Sierra-Wälder zu bieten haben. Diese Art der *Pinus ponderosa* wird von einigen Botanikern als eigenständige Art angesehen, *Pinus Jeffreyi* . Das Becken dieses berühmten Yosemite-Flusses ist extrem felsig – es scheint, als wäre es mit Kuppeln gepflastert wie eine Straße mit großen Pflastersteinen. Ich frage mich, ob ich es jemals erkunden darf. Es zieht mich so stark an, dass ich jedes Opfer bringen würde, um zu versuchen, seine Lehren zu verstehen. Ich danke Gott für diesen flüchtigen Blick darauf. Der Charme dieser Berge übersteigt jede gewöhnliche Vernunft, ist unerklärlich und geheimnisvoll wie das Leben selbst.

14. September. Fast den ganzen Tag in einem prächtigen Tannenwald, die Spitzenzweige sind mit prächtigen, aufrecht stehenden grauen Zapfen beladen, die wie Perlen aus reinem Balsam glänzen. Die Eichhörnchen schneiden sie in großem Tempo ab. Bumm, bumm, ich höre sie fallen, bald werden sie gesammelt und als Winterbrot aufbewahrt. Diejenigen, die zufällig von den fleißigen Erntehelfern übrig gelassen werden, lassen die Schuppen und Deckblätter fallen, wenn sie vollreif sind, und es ist wunderbar zu sehen, wie die purpurnen, geflügelten Samen in wirbelnden, fröhlich aussehenden Schwärmen herumfliegen und ihr Glück suchen. Der Stamm und die toten Äste fast aller Bäume im Hauptwaldgürtel sind mit auffälligen Büscheln und Streifen gelber Flechten geschmückt.

Übernachtet haben wir am Cascade Creek, in der Nähe der Mono Trail-Kreuzung. Die Manzanita-Beeren sind jetzt reif. Heute ist es etwa 0,10 bewölkt. Der Sonnenuntergang ist sehr intensiv, leuchtendes Purpur und Purpurrot schimmert herrlich durch die Waldschneisen.

15. September. Das Wetter ist pures Gold, Bewölkung etwa 0,05 Grad, weiße Zirruswolken und -streifen am Horizont. Zwei oder drei Meilen weiter und mein Lager in Tamarack Flat. Als ich hier in den Wäldern hinter den Kiefern umherwanderte, die die Wiesen begrenzten, fand ich sehr edle Exemplare der prächtigen Weißtanne, die größte etwa 240 Fuß hoch und 5 Fuß im Durchmesser, vier Fuß über dem Boden.

16. September. Heute sind wir langsam vier oder fünf Meilen durch den herrlichen Wald nach Crane Flat gekrochen, wo wir für die Nacht unser Lager aufgeschlagen haben. Die Wälder, die wir im Sommer so bewundert haben, wirken in diesem milden Herbstlicht noch schöner und erhabener. Eine herrliche sternenklare Nacht, die hohen, hoch aufragenden Baumkronen heben sich tiefschwarz vom Himmel ab. Ich bleibe am Feuer und möchte nicht zu Bett gehen.

17. September. Lager früh verlassen. Bin über die Tuolumne-Wasserscheide und ein paar Meilen hinunter zu einem Mammutbaumhain gelaufen, von dem ich gehört hatte, auf Anweisung des Don. Sie nehmen eine Fläche von vielleicht weniger als 40 Hektar ein. Einige der Bäume sind edle, kolossale alte Riesen, umgeben von prächtigen Zuckerkiefern und Douglasien. Die perfekten Exemplare, die nicht verbrannt oder zerbrochen wurden, sind außergewöhnlich regelmäßig und symmetrisch, wenn auch keineswegs konventionell, und zeigen eine unendliche Vielfalt in allgemeiner Einheit und Harmonie; die edlen Stämme mit satter purpurbrauner geriffelter Rinde, etwa 35 Meter lang astfrei, hier und da mit Blattrosetten geschmückt; Die Hauptäste der ältesten Bäume waren sehr groß, krumm und schroff, liefen steif und scheinbar gesetzlos im Zickzack nach außen, neigten sich jedoch unerwarteterweise genau im richtigen Abstand vom Stamm und lösten sich in dichte, bogige Zweigmassen auf, wodurch sie einen regelmäßigen, wenn auch sehr abwechslungsreichen Umriss bildeten – einen Zylinder aus belaubten, hervorquellenden Zweigmassen, der in einer edlen Kuppel endete, die man schon von Weitem erkennen kann, wie sie sich gegen den Himmel über dem dunklen Bett aus Kiefern, Tannen und Fichten erhebt, dem König aller Nadelbäume, nicht nur in Bezug auf die Größe, sondern auch in Bezug auf die erhabene Majestät des Verhaltens und der Haltung. Ich fand einen schwarzen, verkohlten Baumstumpf mit einem Durchmesser von etwa neun Metern und einer Höhe von achtzig oder neunzig Metern – ein ehrwürdiges, eindrucksvolles altes Denkmal eines Baumes, der in seiner Blütezeit der Monarch des Hains gewesen sein könnte; hier und da wuchsen Setzlinge und Schösslinge empor, sparsam und hoffnungsvoll, und ließen nichts vom Aussterben der Art ahnen. Nicht ein ungünstiger Klimawechsel, sondern nur Feuer bedroht die Existenz dieser edelsten Bäume Gottes. Leider konnte ich die Jahresringe des alten Denkmals nicht zählen.

Heute Abend zelten wir in Hazel Green, auf der breiten Rückseite des Trennkamms in der Nähe unseres alten Lagerplatzes, als wir im Frühjahr auf dem Weg in die Berge waren. Dieser Kamm hat die schönsten Zuckerkiefernhaine und schönsten Manzanita- und Ceanothus-Dickichte, die ich auf dieser wundervollen Sommerreise bisher gefunden habe.

18. September. Habe einen langen Abstieg auf der Südseite der Wasserscheide nach Brown's Flat gemacht, die großartigen Wälder liegen jetzt über uns, obwohl die Zuckerkiefer noch recht gut gedeiht und mit der Gelbkiefer, der Libelle und der Douglasie Wälder bildet, die in jedem anderen Teil der Welt als die schönsten gelten würden.

Die Indianer hier zeigten voller Besorgnis auf ein altes Gartenstück auf der Ebene und forderten uns auf, uns davon fernzuhalten. Vielleicht sind hier einige ihrer Stammesangehörigen begraben.

19. September. Wir haben heute Abend bei Smith's Mill gezeltet, auf der ersten breiten Bergbank oder Hochebene, die wir beim Aufstieg erreichen, wo die Kiefern groß genug für gutes Bauholz sind. Hier wachsen Weizen, Äpfel, Pfirsiche und Trauben, und wir wurden mit Wein und Äpfeln verwöhnt. Der Wein hat mir nicht geschmeckt, aber Mr. Delaney, der Indianertreiber und der Hirte schienen das Zeug göttlich zu finden. Verglichen mit dem sprudelnden Sierra-Wasser, das frisch vom Himmel kommt, schien es ein langweiliges, schlammiges, stumpfes Getränk zu sein. Aber die Äpfel, die besten Früchte, waren köstlich – für Götter und Menschen geeignet.

Auf dem Weg von Brown's Flat machten wir an der Bower Cave Halt, und ich verbrachte eine Stunde darin – eine der originellsten und interessantesten unterirdischen Wohnstätten der Natur. Durch die Blätter der vier Ahornbäume, die in ihrer Öffnung wachsen, fällt reichlich Sonnenlicht hinein und erhellt den klaren, ruhigen Teich und die Marmorkammern – ein bezaubernder Ort, hinreißend schön, aber die zugänglichen Teile der Wände sind leider durch Namen von Vandalen entstellt.

20. September. Das Wetter ist immer noch sonnig und ruhig, aber heiß. Wir sind jetzt in den Vorgebirgen und alle Nadelbäume sind zurückgeblieben, außer der grauen Sabine-Kiefer. Wir haben auf der Dutch Boy's Ranch gezeltet, wo es ausgedehnte Gerstenfelder gibt, auf denen man jetzt nichts mehr sieht außer staubigen Stoppeln.

21. September. Ein schrecklich heißer, staubiger und sonnenverbrannter Tag. Da es nichts brachte, herumzulungern, wo die Herde nichts zu fressen fand außer dornigen Zweigen und Chaparral, machten wir eine lange Fahrt und erreichten vor Sonnenuntergang die Heimatranch auf der gelben San Joaquin-Ebene.

22. September. Die Schafe wurden heute Morgen einzeln aus dem Pferch gelassen und gezählt, und seltsamerweise sind nach all ihren abenteuerlichen Wanderungen durch verwirrende Felsen, Gestrüpp und Bäche, von Bären verstreut, von Azaleen, Kalmia und Alkali vergiftet, alle gezählt. Von den zweitausendfünfzig, die den Pferch im Frühjahr mager und schwach verließen, sind zweitausendfünfundzwanzig fett und stark zurückgekehrt. Die Verluste belaufen sich auf: zehn wurden von Bären getötet, eines von einer Klapperschlange, eines musste getötet werden, nachdem es sich an einem Felshang das Bein gebrochen hatte, und eines rannte in blinder Angst davon, als es versehentlich von der Herde getrennt wurde – insgesamt dreizehn. Von den anderen zwölf, die dazu verdammt waren, nie wieder zurückzukehren, wurden drei an Rancher verkauft und neun wurden als Lagerschafe verwertet.

Hier endet mein unvergesslicher erster Ausflug in die High Sierra. Ich habe die Range of Light überquert, die sicherlich die hellste und beste von allen ist, die der Herr erschaffen hat. Ich freue mich über ihre Pracht und bete voller Freude, Dankbarkeit und Hoffnung, dass ich sie wiedersehen kann.

DAS ENDE

MAP OF THE
YOSEMITE NATIONAL PARK
INYO NATIONAL